（日）市瀬悦子 著

刘晓冉 译

一步一图，零基础学日式料理

60道日式家庭料理

煤炭工业出版社
·北京·

目录
CONTENTS

很想让别人称赞
我是烹饪高手

推荐菜品 No.1

Part 1

新手从这 12 道菜学起

Part 2

用作主菜的日式料理

令人开心的日式料理配菜

总是想做的日式米饭、日式面条、日式汤

用诚心和决心挑战高难度日式料理

日式料理的达人课堂

专栏

附录

 日式料理究竟是什么呢?

如果外出就餐, 我们经常会去

吃西班牙菜或意大利菜。

但是, 如果男生想给心仪的女生做菜吃,

或是女生想自己试着做顿饭,

我们还是会想到日式料理。

那么,日式料理究竟是什么呢?

 大家都知道的"那个味道", 还想再吃的, 就是日式料理吧。

在家制作日式料理,

你的脑海中会浮现出什么菜单呢?

土豆炖肉、姜烧猪肉、

金平牛蒡、凉拌青菜、

白米饭和味噌汤⋯⋯

这些大概是每个日本人都吃过的料理，

也是妈妈或奶奶从很早以前，就一直在做的料理。

这些家庭料理都源自日式料理。

"啊，就是那个味道""还想再吃点"

"还要做""下次还想吃这个"⋯⋯

这样的想法在吃了日式料理后屡见不鲜，

因为只要吃一口，人立刻就会踏实起来。

 日式料理，也许就是大家都喜欢的、
日本人的灵魂料理♪

虽然看着很简单，但味道和品相
为什么总是感觉差一点呢?

只需要煮，只需要焯，只需要混合。

说起日式料理，很多菜式看起来都很简单，

但自己试着做的时候，

就总是感觉味道和品相差一点点。

这究竟是为什么呢?

 你是照着菜谱制作的吗?
最初, 请严格按照菜谱做做看!

不看菜谱"凭感觉"制作，

是烹饪新手经常出现的问题，

长此以往料理水平很难进步。

"凭感觉，先用这口锅试试看"。

"凭感觉，大致这个分量，就差不多了。"

"凭感觉，先煮好再调味吧!"

这个"凭感觉",就是烹饪最大的敌人。

依照此法做出来的料理,味道当然会差一点,

因为是自己随意制作的,

也就不会反省过失、改正错误,更加谈不上改良菜谱、积累经验了。

按照菜谱要求,认真地做料理,

就会将"我喜欢再少一点甜味的"

"这里再快一点操作就会更好吃吧"等感觉,

作为自己的经验积累起来,并在下次制作时融会贯通。

 但是,很想按照自己的喜好试着创新一下啊。

 首先,按照料理基础认真制作一次。第二步再享受创新的乐趣吧。

很想被人称为烹饪高手。

亲手做料理，不但可以节省伙食费，

而且会做料理整个人都变得更有自信了，

给人感觉很有魅力。

 不能简化，不能省略，认真制作。
这就是成为烹饪高手的捷径。

为了成为烹饪高手，

首先，照着菜谱上写的做做看，

就能做得很好吃。

以此为基础，加点什么或是减点什么，

即使稍作改变也能做得很美味。

不要着急，不要嫌麻烦，享受烹饪的乐趣吧！

1 成为日式料理烹饪高手的捷径

不要再『凭感觉』！

认真『测量』

虽然有『酌量』这个词，但是一点点的差别也会影响料理的色香味。认真测量调味料和食材的分量很重要。越是精准测量，烹饪就会越容易。

我的心得是必须使用量勺。

? "不能用茶匙吗？"
○ "杂货店里应该有可爱的量勺。"

? "不能用咖喱勺代替吗？"
○ "在百元店就能买到量勺哦。"

● 1小勺=5mL
● 1大勺=15mL

测量液体时

● 1大勺
酱油、味啉、油等液体，加满至从勺子侧面看起来出现表面张力。

● 1/2大勺
因为勺子下半部分的容量比上半部分少，所以加至勺子深度的2/3左右为宜。

将量杯放在水平位置测量

1杯200mL。菜谱中如果需要600mL水，那么200mL的量杯就需要3杯。将量杯水平放置，从侧面看，液体加至刻度线处。

测量粉状物时

● 拨落
测量砂糖、盐、土豆淀粉时，先冒尖盛满，再沿着边缘滑动勺柄，将多余的量拨落。

● 1小勺
将小测量勺先冒尖盛满，再将多余的量拨落就是1小勺。大勺的测量方法相同。

● 1/2小勺
在1勺的状态下，在纵向一半处划线，去掉一半。如果是"1/4小勺"，就再去掉一半。

有电子秤很方便

蔬菜等食材的重量，认真测量很重要。因为电子秤可以在放上盘子后将读数设定为0，所以很方便。

盐一小撮

以拇指、食指、中指3根手指捏起来的量为准。

盐少许

以拇指和食指2根手指捏起来的量为准。

油的温度可以用筷子确认

将筷子打湿，擦干水后，试着放入热油中，用气泡的差异确认油的温度。

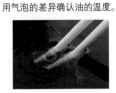 

● 低温 (160~170℃)
细碎的气泡若隐若现地上浮。

● 中温 (170~180℃)
将筷子放入，马上就有小气泡源源不断地浮出。

● 高温 (180~190℃)
清晰的大气泡汹涌地从筷子周围冒出。

2

认真「准备」

不能简化。不能省略。

如果因为怕麻烦而省略准备步骤，那么当天的制作水准就会下降，也不会为下次积累经验。准备工作有它的意义，在本书中会做认真解说。

焯水

? "反正都要煮，为什么还要特意焯水？"

○ "去涩非常重要。去掉杂味，留下美味。"

去涩

? "只清洗不可以吗？"

○ "如果菜谱中有'泡水，去涩'，就照做。最推荐的方法就是履行菜谱中的方法。"

切断肉筋、切入花刀

? "为什么这么做呢？"

○ "为了防止肉收缩变形和鱼皮破碎。"

豆腐的控水

? "不太明白为什么要控水。"

○ "去除水分，可以防止豆腐萎缩，使之更加入味。"

用较厚的厨房纸巾包裹豆腐，将与豆腐重量大致相同的物体（照片中为平盘）作为重物压在豆腐上，按照菜谱要求放置一定时间即可。

用滤网过滤

? "过滤很麻烦！"

○ "将厨房纸巾盖在滤网上过滤，就不会麻烦了。过滤后的液体十分清澈，口感也更好。"

擦干水气

? "为什么要擦呢？"

○ "擦去异味。如果省略这步，肉和鱼的异味会一直残留在菜品中。另外，为了防止油或水飞溅，也需要将食材表面擦干。"

调入底味

? "最后调味不就好了吗？"

○ "最后调味，味道只在食材表面。事先调入底味，菜肴的味道更加深入。"

打造烹调空间

? "我家的厨房特别小。"

○ "烹调空间应尽量保持宽阔。如果地方不够，可以暂时使用就餐空间等。"

准备调味料

? "一边烹调一边准备可以吗？"

○ "比起开始烹调后手忙脚乱地测量调味料，事先将调料测量好，测量结果更精确，在烹饪过程中也能更沉稳应对。"

3 成为日式料理烹饪高手的捷径

最初要按照菜谱来做。

认真「制作」

烹饪水平没有提高的人、不擅长烹饪的人，不喜欢烹饪的人，肯定没有按照菜谱来制作。按照菜谱做出来的料理一定很好吃，做菜的人也会更有动力。

食材分放入平盘中

? "像美食节目中一样？"
O "做做看。既可以空出砧板切好各种食材，煮或炒的技巧也完全不同，料理更完美！"

遵守菜谱的步骤顺序

? "不是怎么放都可以吗？"
O "这是大错特错的。甜的调味料先放，盐分后放，这是基础中的基础。"

擦去多余的油分

? "不浪费吗？"
O "如果油过多，调味料不容易裹住食材，而且菜品会很油腻，擦去才是正确的。"

放入凉水中冷却

? "一定要过凉水吗？"
O "为了防止食材的颜色变差等，这是必要的烹调步骤。放入一些冰块，可以使其快速冷却。"

 我没有专门盛放日式料理的餐具……

 杂货店中出售的一些简单的系列，格外好用呢！

即使没有专门的餐具，也可以用喜欢的盆或钵来盛放。

盆或钵

木制勺子

用来分取盛在大盘中的菜品非常方便。

白色器皿

没有装饰的简单器皿与日式料理十分搭配，还可以用于各种料理。

筷架

可爱的筷架是日式料理中常见的美丽单品。

本书使用方法

做好的照片，简单易懂

料理的照片尺寸很大，所以食材的切法和出锅的火候一目了然。

标示1人份的热量和标准的烹调时间

为"想知道热量"的读者，标示出按照菜谱的分量制作1人份时的热量。同时，介绍烹调需要的标准时间。

标示标准的使用工具

这本书中的日式料理，为了能让大家充分利用身边的煎锅和煮锅等工具而下足了工夫。对使用的工具及其尺寸都做了标记。准备工具时非常方便。

老师在"新手求助"中解决常见的疑问和烦恼

烹饪的经验是不断积累的。在最初的阶段，有很多问题和烦恼是很正常的。市濑老师简单明了地回答新手的各类问题，让经验值不断提升吧。

食材的大小可用实际大小确认，一目了然

"细竹叶？""一口大小？""滚刀块？"——日式料理中经常出现的食材的切法和大小，可以用实际大小来确认。一次记住，一生受用。烹饪水平一定会日渐提高。

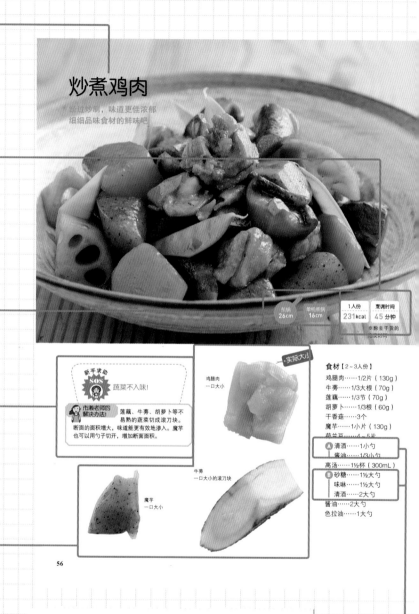

炒煮鸡肉

慢边炒制，味道更佳浓郁
细细品味食材的鲜味吧

| 煎锅 26cm | 单柄煮锅 16cm | 1人份 231kcal | 烹调时间 45分钟 |

炒际去干弧的

新手求助

SOS 蔬菜不入味!

市濑老师的解决办法!
莲藕、牛蒡、胡萝卜等不易熟的蔬菜切成滚刀块。断面的面积增大，味道能有效地渗入。魔芋也可以用勺子切开，增加断面面积。

实际大小

鸡腿肉
一口大小

牛蒡
一口大小的滚刀块

魔芋
一口大小

56

食材【2~3人份】
鸡腿肉……1/2片（130g）
牛蒡……1/3大根（70g）
莲藕……1/3节（70g）
胡萝卜……1/3根（60g）
干香菇……3个
魔芋……1小片（130g）
荷兰豆……4~5片

Ⓐ 清酒……1小勺
　 酱油……1/3小勺

高汤……1½杯（300mL）

Ⓑ 砂糖……1½大勺
　 味啉……1½大勺
　 清酒……2大勺

酱油……2大勺
色拉油……1大勺

一起放入或混合的调味料为ⒶⒷ

在码入底味或调味时，一起放入或混合均匀的调味料用ⒶⒷ集合标示。认真准备并利用，烹饪自然会更拿手。

12

Hop→Step→Jump
烹调流程一目了然

最初从哪里开始最好，然后要做什么，最后的出锅等，烹饪从准备→步骤→完成逐步进行。掌握烹饪的流程，烹饪能力会跳跃式提高。

好像市濑老师就在旁边指导一样！

Hop 准备

泡发干香菇

1 将干香菇茎部向下，放入快要没过香菇的水中，浸泡3个小时左右泡发。泡发后挤干水分，去掉茎部，切成4等份。

小贴士
在香菇上盖一张厚的厨房纸巾，能使香菇充分吸干水分。

处理魔芋

2 用勺子将魔芋切成一口大小，撒盐（另备）搓搓。在水中煮5分钟左右，然后控干水分。

魔芋为了去涩，在水中煮5分钟是最基本的做法。

切其他食材

3 去掉鸡肉上多余的脂肪，切成一口大小，搓抹 ▲ 腌制。牛蒡刮皮，莲藕去皮，分别切成一口大小，泡水5分钟去涩，然后控干水分。胡萝卜去皮，切成一口大小的滚刀块，荷兰豆焯水后斜向对半切开。

Step 炒制

炒鸡肉

4 在煎锅中放入1/2大勺色拉油，中火加热，放入鸡肉。炒至肉颜色变白，表面轻微上色后盛出备用。

炒其他食材

5 在4的煎锅中添入1/2大勺色拉油，放入牛蒡、莲藕、胡萝卜、魔芋，翻炒。全部食材过油后，放入香菇、鸡肉，倒入高汤。

因为过程图很多，所以能马上形成烹调的印象

只有文字很难记住烹调程序，有了图片就容易掌握了！通过有序的过程图可以加深印象，制作时会十分顺利。

Jump 煮制

按顺序加入 ▲ 继续煮制

6 煮沸后撇去浮沫，按顺序加入 ▲ 中的调味料，每加一次混合均匀。盖上落盖，用中小火煮10分钟左右。

酱油呢？

含盐分的食材后加是基本的做法。先让甜味得到充分吸收。

加入酱油

7 放入酱油，混合均匀。再次盖上落盖，用中小火煮7分钟左右。

在这一步，酱油登场！炒鸡肉的调味也遵循"Sa Si Su Se So"原则。

烹调中，市濑老师讲解重点

市濑老师会简单地讲解那些在烹饪教室中学习的重点或者妈妈和奶奶教给我们的技巧。为什么要那样做，一定要认真领会。简直就像老师来到家中在旁边指导一样！

充分入味

8 煮汁基本收干后，揭掉落盖，转大火，翻炒食材裹满煮汁并出现光亮色泽，即可盛盘。撒入荷兰豆。

小贴士
最后用大火收汁是重点！色泽光亮地出锅。

一般的菜谱写不到的信息

不了解制作的细微之处，会对料理的味道和品相造成影响。一般菜谱中不写的信息，在这本书中也会认真介绍。

关于烹调

☆食材的分量用2人份、2~3人份、容易制作的分量等表示。
☆热量（kcal）为1人份。2~3人份时，用1/3的热量表示。
☆计量单位为，1小勺=5mL、1大勺=15mL、1杯=200mL、米用的杯子1杯=180mL（1盒）。
☆蔬菜展示用水清洗后的程序。
☆蘑菇不洗也可以，如果有污渍，去掉后烹调。
☆烤鱼架和多士炉烤箱等烹调家电，请在阅读说明书后使用。
　根据机型的不同，加热时间多少会有差异，请酌情进行调节。

日式料理中常用的烹调工具，都有哪些呢？

使用普通的工具也可以。一边享受烹饪，一边慢慢准备齐全吧。

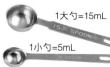

秤

因为放上平盘后可以将读数调至零来计量食材的重量，所以电子秤十分方便。

首先必须要有15mL的大勺和5mL的小勺。如果有能计量2.5mL的1/2小勺会更方便。

1大勺=15mL
1小勺=5mL
1/2小勺=2.5mL

量勺

计量时使用的工具

200mL
500mL

量杯

米用计量杯180mL（=1盒）

菜谱中的1杯是200mL。电饭煲等配送的"米用计量杯"是180mL，请注意。

经常用于混合食材或调味料，或是冷却等。不锈钢制的特点是重量轻。耐热玻璃制的优点是可以用于微波炉。

事先准备时使用的工具

盆

大、中、小三种尺寸很方便

滤网

推荐容易去除污渍的不锈钢制滤网。准备20cm左右口径的和小一点有手柄的，2个大小不同的滤网最为方便。

刀

万能刀、西式刀、三德刀最易使用。推荐不易生锈的不锈钢制刀。

切割时使用的工具

砧板

市面上有可以分面切割肉类与其他食材的砧板。请避免使用过薄或过轻的砧板，欠缺安全感。

平盘

将切好的蔬菜放入平盘中，可以空出砧板和烹调空间，烹调会更加顺畅。移动食材时也十分轻松。

大、中、小三种尺寸很方便

在夹取筷子不易夹、外形容易破碎的食物时使用。

削皮器

给胡萝卜或白萝卜等削皮时使用非常方便。因为刀刃格外锋利，所以请注意不要削到手指。

夹子

竹扦

去除细小部分的污垢、确认食材的加热情况时使用。

比文具剪刀更结实，所以容易剪断食材。

厨房剪刀

厨房计时器

可以防止加热过度或加热不足的重要工具。在鸣响之前可以集中精力做其他事情。

有了这些也会很方便

14

使用煎蛋卷用的煎锅，煎高汤蛋卷或煎蛋时容易卷起来和调整形状。

单柄煮锅

制作味噌汤或汤菜时用直径16cm、焯食材或煮面时用直径18cm的单柄煮锅最方便。

双柄煮锅

常用于炖煮主菜，有盖子，直径20cm左右的双柄煮锅。有不锈钢制、珐琅制等不同材质，可以根据喜好选择。

煎蛋卷用煎锅

煎锅（直径26cm）

日式料理常用

煎、炒、煮、蒸等各种烹调都可以使用煎锅。有盖子的直径26cm的煎锅用途最广，推荐使用。

需要准备的基础家电和消耗品

- ☐ 电饭煲
- ☐ 多士炉烤箱
- ☐ 烤鱼架
- ☐ 研磨器
- ☐ 铝箔
- ☐ 保鲜膜
- ☐ 烹调硅油纸
  （可以在多士炉中使用的种类）
- ☐ 厚的厨房纸巾
- ☐ 厨房纸巾（纸制品）

将你中意的准备齐全吧。

料理筷

翻炒、混合、舀取都有它活跃的身影，所以有一双自己喜欢的筷子非常实用。

橡胶制，十分受欢迎。有弹性，从圆形的器皿或工具中舀取非常方便。

煎铲

在煎锅中翻食材时非常方便。推荐不会划伤煎锅的树脂制煎铲。

橡胶铲

去沫勺

木铲

翻炒、搅拌、捣碎等均可使用。

混合或舀取汤菜时的必需品。

汤勺

能轻松撇出煮菜的浮沫，网眼极细的去沫勺应该常备。

本书中标记为"油炸盘"。将炸物放在上面可以控干多余油分。

控油用的网和盘

混合食材或酱汁时使用。

味噌漏勺

将味噌放入高汤时使用。

鱼骨钳

有烹调用的鱼骨钳就能简单去除鱼骨或小骨头，不易滑动。

打蛋器

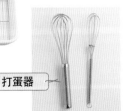

你知道日式料理中经常使用的"落盖"吗?

落盖

制作方法见 P16 ▶

注意不是"将煮锅或煎锅的盖摔落到地板上"。

落盖

经常出现在煮菜菜谱中。将落盖放在食材上煮制，汤汁碰到落盖就会对流，能够更均匀地融合。虽然有木制、不锈钢制、硅胶制等各种成品，但也可以用烹调硅油纸手工制作。

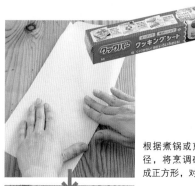

根据煮锅或煎锅的直径，将烹调硅油纸剪成正方形，对折。

再对折成正方形。

再对折成三角形。

再折成图中的样子。

将最细的顶端用厨房剪刀剪掉5mm左右。

将硅油纸的两边像图中一样分别剪掉边长6~7mm的小三角形，做成可以通气的孔。然后沿虚线的位置剪成弧形。

完成！

使用落盖后，较少的煮汁在锅中来回流动，能够更有效地调味。

「落盖」「撇去浮沫」等，介绍需要记住的一部分烹调方法。

16

撇去浮沫

经常出现在煮菜、汤菜、火锅等菜谱中。从食材中析出的浮沫，随着煮汁沸腾聚集到一起，再马上撇去浮沫是最基础的做法。如果放置不管，浮沫漂散至煮汁中，就会产生异味。

为了将撇出的浮沫快速移除，需要准备一个盛有温水的盆。比起凉水，温水能疏散浮沫，更易移除。

魔芋或魔芋丝去涩

给魔芋或魔芋丝去涩的操作只有日式料理中才有。在本书中介绍基础的操作方法。

将魔芋或魔芋丝放入凉水锅中，加热，水煮沸后再焯4～5分钟，去涩。切法写在菜谱中，按照菜谱操作即可。

油炸豆腐的去油

去除表面的油分后，调味品更容易进入食材中。另外，也可减少油腻感。

在锅中煮沸水，放入油炸豆腐，煮1～2分钟即可。也有将油炸豆腐放在滤网中用热水淋的方法，但是煮的方法去油效果更好。

肉或鱼的霜降

经常出现在煮肉或煮鱼的菜谱中。目的是抑制异味，锁住鲜味。因为外形与霜降后变白的地面相似，所以这样命名。

较常使用的霜降做法为淋入热水使表面出现白色的星星点点，或是快速焯煮。

炸过的油，还可以再用吗？

● 再使用法

在滤油用的水杯中，放上厨房纸巾，将油趁热倒入，滤掉渣滓。盖上盖，保存在阴凉处，以2周以内使用为标准，可再用于炒菜或油炸菜品中。如果出现了变质的味道，可以将废油倒入塞有报纸的牛奶盒中做垃圾分类处理。

有一种粉末状的产品，可以将油炸用油固化并作为可燃垃圾丢弃，十分方便。

● 处理方法

趁热加入油炸用油中，充分混合均匀。
※请仔细阅读产品包装后使用。

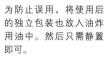

为防止误用，将使用后的独立包装也放入油炸用油中。然后只需静置即可。

凝固的情况根据室温各异，将固化的油装入塑料袋中密封丢弃即可。

如果没有怪味，继续用也没关系。此处介绍再使用的情形和处理方法。

17

日式料理中，有哪些常用调味料呢？

Sa 砂糖

最普通常用的是精制的绵白糖。精制度低、淡茶色的黄砂糖和蔗糖可以根据喜好分别使用。

Se 酱油

菜谱中的"酱油"一般指浓口酱油。

Si 盐

有纯度高的精制盐和粗盐、岩盐等矿物质较多的天然盐。以菜谱的量为标准，品尝后调节咸淡。

So 味噌

有白味噌、红味噌、浅色味噌、混合味噌、麦味噌、米味噌等很多种类。盐分、味道、香味都多种多样。自己调制味噌也十分有趣。本书中没有特别指定的味噌就用米味噌。

Su 醋

普遍使用清爽酸味的谷物醋和温和酸味的米醋。生产商不同，味道和香味也会不同，所以可以多多尝试。

备齐日式料理中常用的调味料，试着做各种料理吧。

老师，教我！关于调味料的疑问

Q 调味料的"Sa Si Su Se So"是什么？

A 在日式料理中经常听到的"Sa Si Su Se So"，是取砂糖、盐、醋、酱油、味噌的首字母的双关语。按照这个顺序加入调味料，就能得到很好的味道。如果先加入盐分，糖就很难入味；喜欢味噌或酱油的香味，大多在出锅时加入即可。

Q 淡口酱油盐分低吗？

A 不是的，几乎所有厂家的酱油都是浓口酱油的盐分更低。淡口酱油经常用于不想上色的汤菜或煮菜中。

Q "柑橘醋酱油"是什么？

A 将柑橘类的果汁和酱油、高汤等混合在一起的调味料，可以手工制作，市售的产品也很多。请挑选自己喜欢的使用吧。

酒精类	粉类	油脂类

土豆淀粉

酒

菜谱中的"酒"是指日本清酒，用于消除食材的异味，增加风味。"料酒"有含有盐分和甜味的品种，与酒不同。

土豆做的淀粉。常用于油炸菜品的面衣，或用水调制成"水淀粉"增加煮汁或馅料的浓稠度。

色拉油

玉米油或菜籽油称为"色拉油"。因为没有异味，所以常用于炒菜或油炸菜品等各种料理中。

味啉

菜谱中的"味啉"为正宗味啉。可以增加料理的甜味、鲜味，还有增加光泽的效果。"味啉风味调味料"是加入鲜味调味料的味啉，不是正宗味啉。

面粉

菜谱中的"面粉"指低筋粉。在日式料理、西式料理和中式料理中都很常用，用于油炸菜品的面衣，或混合食材时起粘连的作用。

芝麻油

芝麻油的特点是有芝麻独特的浓郁香味。即使只有少量，风味也十分香浓。根据厂家的不同，味道和香味也不相同。选择自己喜欢的芝麻油吧。

Q 卖场中有很多"胡椒"品种，十分困惑该选择哪种。

A 胡椒粒和粗磨胡椒、白胡椒和黑胡椒，根据颗粒的研磨方法和制法的不同有各种各样细分品类。我认为从适合各种料理的白胡椒粉开始用最好。

Q "面包糠"有不同种类吗？

A 一般使用干燥的普通面包糠（左侧图），但想体现出面衣的存在感、想让口感更加酥脆时则使用"生面包粉"（右侧图）。

Q "适量"与"适宜"是一样的吗？

A "适量"是"按自己喜欢的量调节使用"的意思，"适宜"是"使用也行，不使用也行"的意思。虽然只是一点点微妙的不同，但事先记住，在阅读菜谱的时候很有帮助。

日式料理中常用的香辛料和配料。

鸭儿芹

只需要1~2根，独特的香味能为料理增味不少。常用于汤或盖饭。

经常铺在器皿上，或是切成细丝，是一种充满夏季感的香辛料。
※切细丝的方法参照下面内容。

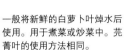

绿紫苏

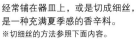

小葱

将横切小段的小葱撒在味噌汤、煮菜、面等里面。用途极广，可谓万能。

衬托料理的知名配角 绿色蔬菜

萝卜芽

将根部切掉后洗净，常用于煮菜、烧烤等。

白萝卜叶

一般将新鲜的白萝卜叶焯水后使用。用于煮菜或炒菜中。芜菁叶的使用方法相同。

荷兰豆

去筋焯水后使用。整个、切半、斜切、切细丝等皆可，作为主要食材使用。
※去筋的方法参照下面内容。

柠檬皮屑

认真清洗后，将柠檬皮擦碎或削成薄片使用。只需一点点就能增添清香。

柠檬

将柠檬像图中一样切成梳子形后搭配油炸菜品。也可以切成圆片或半月片。

酸橘

高尔夫球大的酸橘是日本德岛的特产。常用于烤鱼、火锅、蒸菜。瓯橘比酸橘大一圈，是日本大分的特产。

加入后味道和品相都更出彩 柑橘类

冰箱中的常备常用蔬菜 葱

葱丝

日式料理的独特配料，常加入煮鱼或煮菜中。
※切法参照下面内容。

横切小片

葱的横切小片非常适合用作凉拌豆腐、汤、面的香辛料。

葱末

与葱的横切小片相同，是日式料理中不可或缺的香辛料。
※快速轻松的切法参照下面内容。

怎样处理食材？

绿紫苏细丝

将洗净的紫苏横向放置，向前卷起来。从卷好的一端开始，以1~2mm的宽度切成细丝，泡水去涩后控干水分。

荷兰豆

清洗后将蒂折断，沿着弧度小的一侧轻拉，筋就一起去掉了。

葱丝

将切成5~6cm长的葱段纵向切开，去掉内侧黄绿色的部分。将葱白纵向放置，从一端开始尽量切细丝，泡水去涩后控干水分。

葱末

间隔3~4mm斜向切入花刀，然后翻面，在背面也斜向切入花刀。最后从一端开始，间隔3~4mm横切切下，就能简单切好葱末。

爽利的风味特点

姜

姜泥

与小葱的用法基本相同，常用于煮菜、烧烤、蒸菜等。
※磨泥方法参照下面内容。

姜汁

连皮一起磨出的汁香度很高，去皮做成的汁则更加透亮。
※磨汁方法参照下面内容。

切得像针一样细的姜丝是日式料理中独特的香辛料。多用于煮鱼或煮菜等。
※切法和制作方法参照下面内容。

姜丝

有独特辛辣味的萝卜泥是烤鱼、火锅、油炸菜品等各种日式料理中不可或缺的调味品。助消化的作用也十分有名。
※磨泥方法参照下面内容。

萝卜泥

可以洒在煮菜或拌菜上，作为支撑日式料理的"高汤"的原材料十分常用。

木鱼花

芥末

除了作为生鱼片和寿司的固定搭配，还可用于面或拌菜。

一味辣椒粉

将辣椒的果实捣碎的香辛料。用于乌冬面、荞麦面、盖饭等。

芝麻

一般使用白芝麻、黑芝麻，磨碎的是芝麻碎。

加入一点点就能增加日式料理感

其他香辛料

黄芥末

很冲的独特辛辣味道让煮菜或油炸菜品等吃起来就停不了口。

七味辣椒粉

在辣椒粉中加入陈皮（橘皮）、山椒等混合而成。使用方法与一味辣椒粉相同，可以根据喜好分开使用。

姜泥	姜汁	姜丝	萝卜泥

根据菜谱制作去皮或不去皮的姜泥。如果有小的磨泥器会更加方便。

将磨成泥的姜用力挤压，只使用姜汁。

姜去皮，顺着纤维切成薄片。把姜片摆在砧板上，顺着纤维尽量切细丝。

使用像图中一样的萝卜磨泥器，如果带有盛放磨好的萝卜泥的器皿更方便。

少量的香辛料需磨泥时，可以使用迷你尺寸的磨泥器。常用的有陶制（左）和金属制（右）两种磨泥器。

高汤

介绍用昆布和木鱼花吊出的『高汤』，以及用小鱼干吊出的『小鱼干高汤』。

 食材有哪些？昆布是什么？

 食材是昆布和木鱼花，昆布就是海带哦。

食材【做好约5杯量（1000mL）】
水……6杯（1200mL）
昆布……10cm×5cm的2片（约10g）
木鱼花……20g
※昆布约为水量的1%、木鱼花约为水量的1.5%。

单柄煮锅
18cm

1  用打湿后充分挤干的厨房纸巾（或抹布）擦拭昆布表面。

目的是擦拭表面的污垢和灰尘。白色的部分是鲜味成分，不必全部擦掉。

2  在锅中放入水和昆布，静置30分钟后用中小火加热。

小窍门

慢慢地煮出鲜味成分。如果用大火，昆布的鲜味没有完全析出前水就已经煮沸了，所以请注意。

3  "扑哧扑哧"地有小气泡冒出后，将昆布取出。

因为会出现黏液和异味，所以要在水煮沸前将昆布取出哦。

4  转大火，加热至水快要煮沸，将木鱼花一次性分散放入锅中。转小火。用筷子轻压使木鱼花下沉，煮约1分钟。

如果木鱼花一直浮在表面，鲜味就不会析出，所以要分散放入锅中。用大火煮沸或短时间煮都没有关系。如果长时间煮，汤中就会出现杂味和浑浊。

5  关火，放置至木鱼花沉入锅底。

※为避免产生杂味和浑浊，不要上下翻搅。

6  将滤网放在盆等容器上，在滤网中铺上厨房纸巾，过滤高汤。

 可以挤压吗？

 会导致杂味和浑浊，所以不能挤压。

完成

怎么保存？

冷藏可以保存2～3日，冷冻可以保存1个月左右。

制作料理时，有时会需要少量的高汤。大量制作后分开保存，用起来十分方便。

小鱼干高汤

食材【做好约2杯量（400mL）】

水……2½杯（500mL）

小鱼干……15g

单柄煮锅
18cm

① 去除小鱼干的头和内脏。大个的小鱼干，沿着中骨分成两半。

> 为什么呢？

> 因为头和内脏会产生异味和苦味，所以去掉是基础做法。分开两半是为了鲜味更容易析出。

变成这样

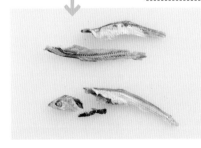

② 将小鱼干放入水中，浸泡30分钟，最好浸泡一晚。

> **小窍门！**
> 目的是慢慢提取鲜味。夏季或较热时，最好放入冰箱保存。

③ 移入锅中，中火加热。煮沸后撇去浮沫，转小火，煮3~4分钟。

> **小窍门！**
> 如果没有浸泡一晚，而是马上加热，最好煮7~8分钟。

> 如果大火煮沸，会产生苦涩的味道，并造成浑浊。

④ 将铺有厨房纸巾的滤网放在盆等容器上，过滤高汤。

> 会导致杂味和浑浊，所以不能挤压？

> 没错！

完成

> 怎么保存？

> 冷藏可以保存2~3日，冷冻可以保存1个月左右。

制作料理时，有时会需要少量的高汤。大量制作后分开保存，用起来十分方便。

高汤所需的食材在哪里买呢？

在超市或菜市场的干货区。

木鱼花

将鲣鱼、鲔鱼等进行熏制加工后，切成的薄片（原材料如果是鲣鱼就叫鲣鱼节，如果是鲔鱼就叫鲔鱼节）。木鱼花有平削、厚削、细削、丝削等不同削法，用于高汤的为前2种，后2种可撒在出锅的料理中。

小鱼干

虽然日本东部和西部，对小鱼干的叫法不同，但都是相同的食材。一般是将日本鳀鱼煮熟后晾干制成的。在九州，将飞鱼晾干制成的"飞鱼干"也很受欢迎。

昆布

日本的昆布约90%产自北海道。根据产地不同，名字也不同。用于吊高汤，哪种都可以。试着找到自己喜欢的昆布吧。日高昆布适合关东煮等煮菜。

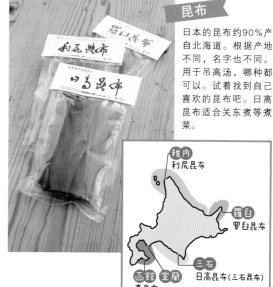

干货如果吸入湿气就易坏。开封后，放入能密闭的容器里面，最好保存在阴暗处。

市售高汤素

老师，吊高汤原来这么麻烦！

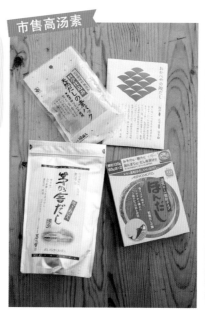

市售高汤素大多放在卖场的调味料和干货区。按照包装上的标示，溶化在汤中，做成"高汤"。高汤专卖店的袋装高汤也很受欢迎。

最初是这样的。但是，市售的高汤素也有很多品种。如果没有时间，可以充分利用市售高汤素制作各种菜品。有的高汤素含有盐分，参考标示调节使用吧。

粉末状和袋装的高汤素很容易返潮。开封后须密闭保存，尽快用完。

Part 1

新手
从这12道菜学起

如果想学做基础的日式料理，
就从本章严选出的12道菜学起吧。
在制作过程中，
自然而然地就能掌握日式料理中经常出现
的烹调方法和技巧，
制作出膳食均衡的菜肴。

姜烧猪肉

喜欢吃肉的男子的心头好
姜的加入方法决定了味道的好坏

| 煎锅 26cm | 1人份 504kcal | 烹调时间 15 分钟 |

姜1块2~3cm

实际大小·

新手求助
SOS 肉变卷变硬了

市濑老师的解决办法！ 如果没有将肉的筋切断，肉就会卷曲、收缩；薄片的肉过度加热时会变硬，所以准备工作很重要！为了能吃到烤得刚好的肉，一定要事先将调味料测量并摆好。配菜也要提前准备哦！

食材【2人份】

猪里脊肉（姜烧用）……8片（300g）

A 酱油……1½大勺
　清酒……1大勺
　味啉……1大勺
　姜汁……1小勺

姜泥（出锅用）……1块量
色拉油……1大勺
圆白菜、番茄……各适量

26

准备肉和蔬菜

在肉筋处切入花刀

1 猪肉的油脂和瘦肉之间有透明的筋，在此切入7~8处花刀。

 这么做是为了入味吗？

 将筋切断，肉就不容易卷曲了。

码入底味

2 在平盘中混合🅐，将猪肉放入并裹匀料汁，腌10分钟左右，码入底味。

 如果时间过长，肉中的水分就会析出，肉质会收紧变硬，所以还请注意！

小窍门!
因为姜泥很容易烤焦，所以不要放入底味中，推荐后放。

准备配菜

3 将圆白菜切成细丝，在冷水中浸泡5分钟左右，用滤网控干水。番茄去蒂，切成梳子形。

小窍门!
圆白菜用冷水浸泡后会更清脆。为了不让圆白菜水分过多，一定要充分控干水。

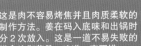 配菜、料理筷等准备完成后再进行烤肉的操作！

 这是肉不容易烤焦并且肉质柔软的制作方法。姜在码入底味和出锅时分2次放入。这是一道不易失败的膳食均衡菜肴，味道一定不错！

Step 烤肉

尽量分散平铺放入

4 在煎锅中倒入色拉油，用中火加热。将猪肉去料汁，平铺入锅中，尽量不要重叠。烤3分钟左右，直到下面烤好。

※把姜泥放入平盘中剩余的料汁里，做成出锅时用的酱汁。

翻面烤制

5 将肉翻面，再烤至肉变色。

小窍门!
薄片的肉如果烤过度会变硬。因为出锅裹料汁时也在加热，所以在这一步动作要快！

擦掉多余的油

6 用厨房纸巾擦掉煎锅中多余的油。

 好麻烦呀……

 擦掉多余的油，肉更容易裹满酱汁。

Jump 出锅

加入酱汁，裹匀

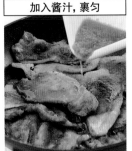

7 加入在**4**中准备好的出锅用的酱汁，用大火煮沸。不断将肉翻面，快速裹满酱汁，直到出现光泽并且汤汁变少。

8 与圆白菜、番茄一起盛盘，淋入煎锅中剩余的酱汁。

凉拌菠菜

用精细煮法和"酱油洗"使味道不同
日式料理中不可或缺的冠军配菜

食材【2人份】

菠菜……1把（200g）

Ⓐ 高汤……2大勺
┃ 酱油……2小勺

木鱼花……适量

煎锅 26cm

1人份 28kcal

烹调时间 10分钟

新手求助

SOS 蔬菜应该先切，还是先煮？

市濑老师的解决办法！ 用菠菜或小松菜等制作凉拌菜时，基础做法是先煮再切。虽然看似简单，但是如果自己随意制作，结果可能不尽人意。所以请记住基本的做法和重点。

Hop　清洗菠菜

用流水充分清洗

1 一边在盆中蓄水，一边用流水冲洗菠菜。

※根部可能聚积着泥，所以要打开水龙头充分清洗。

小窍门！

如果根部太粗，可在根部切入十字花刀，使其受热均匀。

如果菜叶有点蔫，就将根部放入装有凉水的盆中浸泡一会儿。与花相同，从根部吸收水分后，叶子也会变得鲜嫩。

Step　以根部→叶子的顺序煮

放入根部，煮10秒钟

2 在煎锅中煮沸大量的水，加入少量盐（另备），拿着菠菜叶子，将根部放入沸水中，煮10秒左右。

这样放入根部啊。

泡入叶子

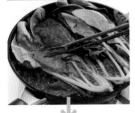

3 用筷子按压，将叶子也泡入沸水中。再次沸腾后，上下翻面再煮一会儿。

上下翻面，均匀加热。

因为根部不容易煮熟，所以要先放入沸水中。为了让整棵菠菜受热均匀，上下也要翻面。

利用时间差煮菠菜！

Jump　冷却后完成

放入凉水中冷却

4 用筷子取出菠菜，放入凉水中。换几次水，使其快速充分冷却。

小窍门！

事先准备好凉水，马上就能进行冷却。

如果动作慢吞吞的，余热会使菠菜加热过度，或者颜色变差，所以动作要快哦。

挤出水

5 在水中将根部攒齐，用力挤干水分。

还没有切啊。

酱油洗

6 放入平盘中，将一半混合好的Ⓐ淋在菠菜上，再一次用力挤干。

这是在调味吗？

这种烹调方法叫作"酱油洗"。这样既可以码入底味，也可以防止做好后水分过多。

切段，盛盘

7 将菠菜切成4～5cm的段，再一次用力挤干汁水。盛盘，淋入剩余的Ⓐ，撒上木鱼花。

最后再切段。也可以拆散菠菜，泡入剩余的Ⓐ中盛盘。

土豆炖肉

吃了还想吃
也想做给别人吃的日式料理之王

| 煎锅 26cm | 单柄煮锅 16cm | 1人份 382kcal | 烹调时间 35 分钟 |

新手求助
SOS 要么盐多了，
要么糖多了，
味道总是不正。

市濑老师的解决办法！ 大家喜欢的土豆炖肉，认真按照顺序制作就一定非常好吃。最初，要先"按照菜谱"制作。习惯后，请再根据自己喜欢的味道调节。

食材【2~3人份】

牛肉碎肉……150g
土豆……3个（400g）
胡萝卜……1/2根（70g）
洋葱……1/2个
魔芋丝……1小袋（100g）
四季豆……5根
Ⓐ 砂糖……1大勺
　 清酒……2大勺
　 味淋……2大勺
酱油……2大勺
色拉油……1大勺

胡萝卜
小滚刀块

四季豆
3cm长

实际大小

牛肉

土豆
切4瓣，直径5~6cm

洋葱
1.5cm宽的梳子形

30

Hop 焯水

魔芋丝焯水

1 将魔芋丝涂抹少量的盐（另备）揉搓，稍稍冲洗后拆散，切成易于食用的长度。放入热水中，再次沸腾后煮4～5分钟，放在滤网上控干水分。

> 为了去除涩味和异味所以要焯水。

2 土豆去皮，切4瓣，在水中泡5分钟去涩，然后擦干水。牛肉切成易于食用的大小，胡萝卜切成比土豆小的滚刀块，洋葱切成1.5cm宽的梳子形。四季豆加入少量盐（另备）的热水中煮2分钟左右，然后放在凉水中冷却，控干水分，切成3cm长的段。

小窍门!

将土豆泡水，是为了防止变色。还能洗净淀粉，表面不容易煮碎。

Step 炒

炒一下肉和魔芋丝

3 在煎锅中放入色拉油，用中火加热，放入牛肉和魔芋丝炒一下。肉变色后盛出备用。

小窍门!

通过翻炒来锁住肉的鲜味。注意，如果炒过火肉会变硬，所以翻炒一下即盛出。

炒蔬菜

4 在空的煎锅中放入土豆、胡萝卜、洋葱，炒至土豆表面稍稍透明。

大致这样

Jump 煮并调味

混合材料后炖煮

5 放入牛肉和魔芋丝，加入1½杯的水。煮沸后撇去浮沫。

> 煮沸后浮沫就会聚积，所以要撇出去。反复几次，认真撇去。随着时间的增加，浮沫会散开，所以煮沸后马上操作，这是技巧。请参照 P17。

按顺序加入调味料

6 按顺序加入Ⓐ中的调味料，每加入一种翻炒一下。

> 砂糖如果在盐分（酱油）后加入会不容易入味，所以要最先加入。

盖上落盖炖煮

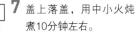

7 盖上落盖，用中小火炖煮10分钟左右。

> 必须要用落盖吗？

> 落盖是帮助我们将日式料理做得好吃的好伙伴。请参照 P16，一定要活用。

加入酱油，出锅

8 加入酱油，用力搅拌，煮7～8分钟，将汤汁煮至余1/3的量。加入四季豆再煮一会儿，关火，静置2～3分钟出锅。

> 如果能将土豆炖肉做得好吃，女性魅力也会很高吧。

金平牛蒡

"炒煮"非常下饭
绝妙的浓郁甜辣味

| 煎锅 26cm | 1人份 132kcal | 烹调时间 15 分钟 |

新手求助

SOS 好想学一道日式料理感觉的配菜啊。

市濑老师的解决办法! 日式料理感觉的配菜，除了推荐P28的凉拌菠菜，还有就是这道金平牛蒡。认真按照顺序制作，即使是新手也能做出"妈妈的味道"。

胡萝卜细丝
6cm长

实际大小

牛蒡细丝
6cm长

食材【2人份】

牛蒡……1/2大根（100g）
胡萝卜……1/5根（30g）
红辣椒……1/2根

Ⓐ 高汤……1/4杯
　砂糖……1/2大勺
　清酒……1大勺
　味啉……1/2大勺
酱油……1大勺
芝麻油……1大勺
炒白芝麻……适量

准备

刮掉牛蒡的皮

1 牛蒡如果带着泥，就在清洗后用刀背从自己一侧向外将皮刮掉。斜向切成3mm厚×6cm长的片，再切成细丝。切好后泡水去涩，5分钟后控干水。胡萝卜也切成6cm长的细丝。

泡水去涩

小窍门!
牛蒡皮中有香味，不要刮到只剩白色的肉。

不泡水不行吗？

牛蒡接触空气会变黑，所以切后要马上泡入水中。将牛蒡全部放入水中，换两次水就可以了。如此操作还能去除涩味。

去除红辣椒的籽

2 将红辣椒去蒂，然后用竹扦去籽，切成小圈。

因为籽的部分特别辣，所以要去掉。

 **开始炒**

牛蒡、胡萝卜依次下锅

3 在煎锅中倒入芝麻油，加热。放入牛蒡，翻炒至所有牛蒡沾上油。再加入胡萝卜，快速翻炒均匀。

看起来操作很简单!

 进行炒煮

按顺序加入调味料

4 按顺序加入Ⓐ中的调味料，每次加入后翻炒均匀。一边将汤汁炒至几乎收干，一边将煮汁裹满食材。

已经炒熟了还要煮吗？!

翻炒后再加入水煮的烹调方法叫"炒煮"。相比直接煮，最初的翻炒能激发出浓郁的味道。如果喜欢稍硬的口感，也可不加高汤，在这一步充分地炒制。

加入酱油

5 加入酱油、红辣椒、芝麻油少许（另备），炒至汤汁几乎收干。出锅时淋入芝麻。

浓浓的香味好像很好吃!

33

味噌煮青花鱼

做得很美味，让大家吓一跳吧
煮之前的"霜降"是重点

煎锅 26cm	1人份 336kcal	烹调时间 20 分钟

新手求助

SOS 随意做出来，鱼肉又腥又不紧致。

市濑老师的解决办法！ 青花鱼很容易丧失鲜度，所以不要将买回来的青花鱼直接放入煮汁中制作。除了新鲜的青花鱼，在其他情况下，煮之前都请事先进行"霜降"。加入味噌的时机也很重要，一定要记住。

"姜丝"是什么样的

姜丝，是把姜切得像针一样细长。出锅时搭配一点姜丝，可呈现出日式料理的品相和美味。制作方法简单。

把姜去皮，尽量切薄。

把切成薄片的姜沿着纤维尽量切细，泡水后控干水分。

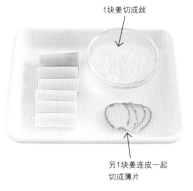

1块姜切成丝

另1块姜连皮一起切成薄片

食材【2人份】

青花鱼（带骨）
　……2块（200～250g）
葱……1根
姜……2块
Ⓐ 砂糖……1½大勺
　清酒……1½大勺
　味淋……1½大勺
　酱油……1/2大勺
　水……1杯（200mL）
味噌……2½大勺

34

Hop　进行霜降

在皮上切入花刀

1 葱切成6cm长的段，1块姜带皮切薄片，另1块姜切丝（参照P34）。在青花鱼的皮上切入几道花刀。

> 切入花刀使鱼肉更入味，也更易受热。同时还能防止鱼皮收缩破碎。

淋入热水

2 青花鱼码在滤网中，淋入热水直到鱼肉发白。

> 可以淋入冷水吗？

> "霜降"就是用热水去除鱼腥味的技巧。一定要用热水。

去除血块

3 青花鱼放入冷水中，去除连接在骨头上的血块，用厚的厨房纸巾擦干水。

> 茶色的地方是血？

> 是的。如果带着血块一起煮，就会出现腥味。

擦干水

> 为了去除鱼腥味，煮得更好吃，这步准备工作是必须做的。进行霜降，还有一个作用就是锁住鲜味。

Step　煮青花鱼

煮沸后放入青花鱼

4 在煎锅中混合Ⓐ，加入姜片，用中火加热。煮沸后，将青花鱼的鱼皮向上放入锅中，在空着的地方放入葱段。

> 将盛盘时在上一面（鱼皮）向上放置煮制。

盖上落盖

5 再一次煮沸后，用勺子舀起煮汁淋在鱼肉上2～3次，盖上落盖煮7～8分钟。

> 小窍门！
>
> 淋上煮汁后再盖上落盖，可以防止青花鱼的鱼皮与落盖粘连。为了不将鱼煮碎，不翻面是煮鱼最基本的做法。

Jump　最后加入味噌

味噌用煮汁溶化后加入

6 在小盆等容器中盛入少量煮汁，加入味噌搅匀。将味噌汁倒入青花鱼中间，混合均匀。

> 味噌的风味出众，此时加入，做出的青花鱼非常美味。

色泽光亮地出锅

7 用勺子不停地将煮汁淋在青花鱼上，煮5分钟即可色泽光亮地出锅。盛盘，淋入煎锅中剩余的煮汁。搭配姜丝。

> 一边淋入煮汁一边煮制，可以将煮汁收汁，呈现光泽。

炸鸡块

外壳焦香酥脆，内芯鲜嫩多汁
用它将胃抓牢

食材【2人份】

鸡腿肉……1大片（300g）
Ⓐ 清酒……1大勺
　 酱油……1大勺
　 盐……1小撮
　 胡椒……少许
　 姜汁……1/2大勺
面粉、淀粉……各2½大勺
油炸用油……适量
柠檬的梳子形切块……适量

煎锅 26cm	1人份 461kcal	烹调时间 25分钟

新手求助

SOS 有点害怕做油炸菜品！

市濑老师的解决办法！ 将要准备的食材备齐，认真去做，就没有问题！用煎锅也能制作油炸菜品，试着做吧。不能离开灶台，即使油稍稍溅出也不要慌张。炸制时，注意听油的声音，观察锅中食材的状态，就会做好油炸菜的！

·实际大小

鸡腿肉
稍大的一口大小

给鸡肉码入底味

去除脂肪

1 去除鸡肉多余的脂肪，将1片鸡肉分成8等份左右、稍大的一口大小。

在皮和肉之间的白色部分就是脂肪。

码入底味

2 在盆中放入鸡肉，加入 Ⓐ 揉搓，腌制15分钟。

为什么要揉搓呢？

用手来回揉搓 7~8 次，腌制时更容易入味。

 加热油炸用油
在鸡肉上涂抹干粉

准备油炸用油

3 在煎锅中倒入2 ~ 3cm 深的油炸用油，加热至170℃。

小窍门!
油炸用油的温度如果过高，会导致食材中间还没有热透表面就已经上色了，所以必须确认温度。确认温度的方法参照P9。

涂抹干粉

4 在平盘中放入面粉和土豆淀粉，混合均匀。将鸡肉一块一块放入平盘中，涂抹干粉。用力握紧，使干粉粘牢。

面粉的作用是吸收底味的汁水，形成一层膜，锁住肉汁。土豆淀粉的作用是让面衣酥脆。

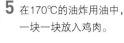 炸酥脆

一块一块地放入鸡肉

5 在170℃的油炸用油中，一块一块放入鸡肉。

小窍门!
请注意，涂抹干粉后，鸡肉会随着时间的变长而变得黏糊糊的。涂抹干粉后马上油炸是最基本的做法。

用中火炸5分钟左右

6 表面的面衣定型后，用筷子不时翻动，炸5分钟。

开始炸制时想用筷子翻一翻。

如果在表面没有定型时不断触碰，面衣就会脱落，所以最初一定要忍耐不要翻动！

转大火，炸1分钟左右

7 转大火，再继续炸1分钟左右。

小窍门!
出锅前转大火，可以炸得更加酥脆。

控油，盛盘

8 按照炸至酥脆的先后捞出控油，盛盘，放入柠檬。

油炸用油的处理请参照 P17。

37

煎蛋用煎锅 | 1人份 144kcal | 烹调时间 10 分钟

高汤鸡蛋卷

加入高汤，味道更优质
保持中火，煎得蓬松软嫩吧

食材【2人份】

鸡蛋……3个
Ⓐ 砂糖……1小勺
淡口酱油……1小勺
味淋……1小勺
盐……1小撮
高汤……3大勺~1/2杯
色拉油……少许
白萝卜泥……适量

制作方法不是很明白，总是做不好！

市濑老师的解决办法！ 新手总是在鸡蛋要煎焦的时候才调节火候，但始终保持中火的火力才是正确的做法。要煎焦的时候将煎锅离火，温度稍稍下降后再继续烹调就可以了。让后放入的蛋液，流入煎好的鸡蛋下方能连接得更好哦。

 制作蛋液

打入鸡蛋

1 准备大小两个盆。将每个鸡蛋打入小盆后再放入大盆中。

为什么要一个一个放入？

这样做是为了检查是否有坏鸡蛋，是否有蛋壳、血等混杂其中。

切断蛋清打散

2 将筷子前端放在盆底，左右晃动，切断蛋清打散，混合蛋黄和蛋清。

小窍门!
上下搅拌，蛋液中会进入空气，出现很多泡沫，口感变差。左右晃动混合就不容易出现泡沫。

加入高汤和调味料

3 在小盆中混合Ⓐ，加入蛋液中。

将盐溶化在高汤中后，再加入蛋液中，味道更均匀。

混合蛋液

4 再次用筷子混合，将蛋液和高汤混合均匀即可。

小窍门!
如果高汤的量多，虽然质地蓬松，但是蛋液稀，不易卷起来。最初少做一些，从1个鸡蛋加入1大勺高汤的比例开始挑战吧。

Step 煎鸡蛋，卷起来

加热煎锅

5 在煎蛋用煎锅中，用厚的厨房纸巾薄薄擦一层油，用中火加热。用筷子蘸蛋液轻轻放在煎锅上，蛋液迅速凝固，就代表可以开始煎蛋了。

倒入蛋液

6 用汤勺倒入约1/4的蛋液。马上晃动煎锅，使蛋液均匀铺满煎锅。用筷子戳破隆起的气泡。

只需要将气泡"噗"地戳破。

向内卷

7 接触煎锅四周的蛋液凝固后，鸡蛋就达到了半熟状态，用筷子将鸡蛋对侧的边缘揭开，从对面向身前一侧折3~4次卷起来。

将煎锅向身前一侧倾斜更容易卷。

小窍门！
边缘以外在半熟状态时就卷起来。在这个阶段，鸡蛋如果完全凝固，即使卷起来层次也会分离，口感也不好。

再次薄薄涂一层油

8 在煎锅内侧空了的位置，像**5**一样薄薄地涂一层油，将煎蛋滑向对侧。在身前一侧空了的位置，用相同方法涂油。

每次煎都要涂油呀。

Jump 还有3次，煎好卷起来

倒入剩余蛋液的1/3

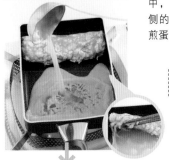

9 将剩余蛋液的1/3倒入锅中，用筷子稍稍夹起内侧的煎蛋，使蛋液流入煎蛋下方。

蛋液流入煎蛋下方，层次更连贯。

再卷

10 与**7**相同，从对面向自己身前一侧卷。剩余的2次，也用相同方法制作。

煎至蛋液用完吧。

在这个菜谱中，煎好卷起来，需要做4次。

轻轻上色

11 将煎蛋聚拢到煎锅的身前一侧，调整形状的同时，轻煎上色。上下翻面，使颜色大致相同。切成方便食用的大小后盛盘，搭配白萝卜泥。也可以根据喜好淋上酱油。

松软又鲜香！

即使形状不好，也可以用厨房纸巾修正

趁热用厚的厨房纸巾（或寿司帘）卷起来。用手调整形状，形状有点歪也可以修正。直接在稍稍降温后切分。

盐烤秋刀鱼

便宜的应季鱼，简单的盐烤最好吃
烤得好吃的技巧，记下来一生适用

食材【2人份】

秋刀鱼……2条（400g）
盐……2/3 ~ 1小勺
　　（鱼的重量的1% ~ 1.5%）
白萝卜泥、酱油、
　　酸橘（对半切开）……各适量

新手求助

SOS

皮破了，连鱼肉都掉出来了！

 市濑老师的解决办法！ 在秋刀鱼的鱼皮上切入花刀了吗？切入花刀并不仅仅是为了装饰，还能防止鱼皮在烤制时破碎。不要嫌麻烦，切入花刀吧。在烤鱼架的网上涂油，事先预热，都能防止鱼皮破碎，一定要做哦。

油脂丰富的应季秋刀鱼搭配
和风的调味料更加鲜美

白萝卜泥

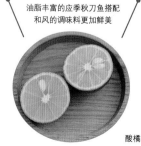

酸橘

处理秋刀鱼

去鳞

1 将秋刀鱼头在左、尾在右放在砧板上，用刀的顶端从尾部向头部刮去鱼鳞和滑腻物。

> 逆着鱼鳞的生长方向刮，就能轻松去掉鱼鳞。

给鱼身上切入花刀

2 将秋刀鱼冲洗干净，用厨房纸巾擦干水。在鱼肉厚的地方，斜向切入几道花刀。另一侧也同样处理。

> 小窍门!
> 切入花刀既能防止鱼皮收缩破裂，又能使鱼肉更好地受热。

> 内脏不去掉吗？

> 秋刀鱼没有胃，食物几乎不能在腹部储存。也就是说内脏的腥味很少，直接烤也没关系。

撒盐

3 将秋刀鱼放在盘子等容器上，两面撒盐，腌制10分钟左右。

> 小窍门!
> 撒盐能使水分析出，去除腥味。短时间腌制后再烤，能激发鱼肉的弹性，烤出来肉质蓬松。新鲜的秋刀鱼在烤之前撒盐也可以。

> 盐的量根据鱼的厚度和是否加酱油来调节。

 烤之前的准备

预热烤鱼架

4 用厨房纸巾吸适量色拉油，涂抹在烤鱼架的网上，预热2~3分钟。

> 涂色拉油后再预热吗？

> 是的。可以防止鱼皮粘在网上。

擦干水分

5 烤之前，用厚的厨房纸巾按压秋刀鱼，蘸干析出的水分。

> 小窍门!
> 如果残留着水分直接烤制，会留有腥味。这个步骤决定整体味道，所以一定要做。

 烤制

正面向上烤制

6 如果是双面烤的烤架，就将盛盘时的正面向上放在网上，烤大约8分钟。盛盘，搭配白萝卜泥，淋上酱油，再放上酸橘。

> 盛盘时的正面是哪面？

头部在左侧
腹部在身前一侧

> 鱼的"头在左，腹在身前"是最基本的盛盘方法。

> 如果烤鱼架是单面烤时
> 如果是单面烤的烤架，盛盘时的正面就向下先烤，中途翻面，反面后烤。稍稍增加烤制时间，酌情调节时间。

煮南瓜

日本的女孩子都特别喜欢南瓜
留一点煮汁，出锅时南瓜十分水润

单柄煮锅
18cm

1人份
262kcal

烹调时间
25 分钟

新手求助

SOS

很用心地制作，但还是煮碎了！

市濑老师的解决办法！ 煮制的时候，不能用筷子拨弄！盖上落盖，让味道在南瓜间流动。锅的尺寸也很重要，如果太大需要很多煮汁，南瓜在锅中翻滚，就容易煮碎。开锅后必须马上转小火，不要忘记哦。

食材【2人份】

南瓜……1/4个（400g）

水（或高汤）……2杯（200mL）

砂糖……3大勺

味啉……1大勺

Ⓐ 酱油……1大勺

盐……1/3小勺

(Hop) 切南瓜

去掉籽和瓢

1 用大勺子等工具去掉南瓜籽及其周围松软的瓢。

切成3~4cm的块

2 将南瓜切成宽3cm的长条，然后再分别切分成3~4cm的块。

 南瓜很硬，需要将左手放在刀上按压，使劲一按就能切开了。

部分去皮

3 将南瓜皮向右放在砧板上，用刀像削皮一样将四边切口处的皮削掉（这叫作削棱角）即可。

 "削棱角"，第一次听说！

小窍门!

去皮可以使南瓜更加入味。削棱角后，煮制时即使南瓜互相碰撞也不容易碎。

实际大小·

南瓜3~4cm块

(Step) 煮制

放入锅中，用水煮

4 将南瓜皮向下，不要重叠码入锅中。加水，大火加热。

 锅是正好的尺寸！

 用最少量的水，南瓜就不会翻滚，防止煮碎。

使甜味被南瓜吸收

5 煮沸后转小火，分别加入砂糖和味醂，每次加入后将锅摇一下。盖上落盖，煮6~7分钟。

 出现了 "Sa Si Su Se So"。

加入盐和酱油

6 加入Ⓐ，再盖上落盖，用小火煮4~5分钟。

小窍门!

如果把酱油直接淋在南瓜上，那块南瓜味道就会很浓。将锅稍稍倾斜，把酱油倒入煮汁聚集的地方，味道会更加均匀。

(Jump) 放置一会儿，充分入味

放置一会儿再盛盘

7 趁着煮汁还有一点剩余时关火，放置2~3分钟后，盛盘。

切得略大的南瓜稍稍放置一会儿使其充分入味，会更好吃哦。

酒蒸花蛤

浓缩鲜味的蒸汁也很美味
认真准备、快速烹调，很重要

食材【2人份】

花蛤……300g
清酒……2大勺
小葱的横切小片……适量

1人份	烹调时间
36kcal	10 分钟

煎锅
26cm

※除去花蛤吐沙的时间

新手求助

SOS 吃时总感觉嘴里有沙子。

市濑老师的
解决办法！

"吐沙"是将花蛤浸泡在盐水中，让它把沙子完全吐出来的重要准备工作。因为花蛤表面会格外脏，所以花蛤吐沙后要将其外壳搓洗干净。为了做出鲜美的花蛤，请认真做好这2项准备工作，努力吧。

Hop 让花蛤吐沙

泡在盐水中

1 将花蛤放入平盘中，倒入快要没过花蛤的盐水（另备）。用铝箔等盖住，在阴暗安静的地方放置1小时左右。

如果第二天烹饪，浸泡一晚也可以。

吐沙的基础知识

● **在浓度为3%的淡盐水中浸泡**

以海水浓度（浓度3%左右）为宜，将花蛤浸泡在淡盐水中。3%盐水的比例，是在500mL水中放入1大勺稍少的盐。不过，海蚬要浸泡在清水中（参照P130"海蚬味噌汤"）。

● **盐水的量为"快要没过"**

将花蛤平铺在平盘中，注意不要重叠，浸泡在快要没过花蛤的盐水中，更易吐沙。

● **保存在阴凉处**

盖上铝箔或报纸，使光线变暗。夏季最好放入冰箱冷藏，但是温度过低可能很难吐沙，所以在使用前一段时间取出恢复至室温。

Step 清洗花蛤

双手搓洗贝壳

2 将花蛤放入盆中，一边浇水，一边用双手来回搓洗贝壳，然后放在滤网上控干水。

贝壳真的特别脏。一定要仔细搓洗干净。

盆底真的有沙子。

Jump 用煎锅蒸

洒入清酒，加热

3 将花蛤平铺在煎锅中，洒入清酒。盖上盖子，用中大火加热。

小窍门！

能完全封闭蒸汽的盖子是煎锅的必备品。如果缝隙多，蒸汽就会跑掉，花蛤的鲜味也就都飞散了。请准备尺寸正好的盖子吧。

轻轻晃动煎锅

4 不时按住盖子，轻轻晃动煎锅，蒸3分30秒~4分钟。

为什么要晃动锅？

为了让所有花蛤都均匀受热。

壳打开后完成

5 壳打开后，将花蛤和蒸汁一起盛入容器中，撒上葱花。

小窍门！
即使不打开盖子，也能听到壳相继打开的"咔哒咔哒"的声音，这就是马上要熟的标志。如果长时间过度加热，花蛤肉会收缩，所以还请注意！

小葱事先切好，品相和味道都会更好！

单柄煮锅
18cm

1人份	烹调时间
30kcal	15分钟

醋拌黄瓜裙带菜

黄瓜去除的水分刚刚好
与混合醋相得益彰的基础和风小菜

食材【2人份】

黄瓜……1根
裙带菜（盐干）……15g
小银鱼干……2大勺
Ⓐ 醋……1½大勺
　砂糖……1小勺
　酱油……1小勺

裙带菜
易于食用的大小

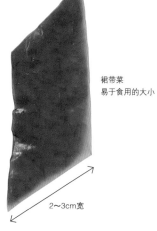

黄瓜
横切小片

实际大小

2～3cm宽

新手求助

SOS

水分太多，味道也
不均匀。

市濑老师的
解决办法！

盐揉黄瓜时，如果只是
将盐撒在黄瓜表面，味
道会不均匀，需涂抹后稍用力揉搓。待黄
瓜变软后完全挤出水分，如此黄瓜能快速
吸收调味料，味道更好。

提前准备黄瓜

抹盐揉搓

1 在清洗后的黄瓜上涂抹少量的盐（另备）。放在砧板上，前后滚动2～3次，再用清水冲洗一下。

> "抹盐揉搓"可使食材的颜色更加鲜艳，并能去除蔬菜的生味。

横切小片

2 将黄瓜的两端切掉一小段后，从顶端开始切成1～2mm厚的薄片。

> 切下的黄瓜片总是乱滚！！

> 将刀稍稍向内侧倾斜一点，黄瓜片就不容易滚动了。

抹盐，腌制后挤水

3 将黄瓜放入盆中，撒上盐，稍稍混合一下。腌制5分钟，黄瓜析出水分变软后用手揉搓，用力挤出水分。

> 如果在黄瓜变软前用力揉搓，黄瓜会碎裂。因此要在黄瓜变软后操作，并注意不要将黄瓜捏碎。

小窍门！
盐揉去除水分，可以使做出的菜不会水分太多，并且容易吸收调味料。盐揉的量为调料的1%是最基础的。撒盐揉搓的好处是能够保留食材味道。还有一种浸泡在盐水中的方法，它的优点是味道均匀，容易去除涩味。

 **提前准备裙带菜**

去掉盐分，过热水

4 在加入水的盆中，清洗盐干裙带菜，按照袋子上的标识去除盐分，然后挤干水分。放入热水中煮一下，马上放入冷水中。

> 过热水可以让裙带菜颜色更加鲜艳！使用生裙带菜时不需要过热水。

去掉硬的茎部

5 挤干裙带菜的水，铺在砧板上，用刀尖切掉硬的茎部。

切成易于食用的大小

6 将上侧的带和下侧不规则的部分分开。分别切成3cm宽的片。

> 统一大小，更方便食用！

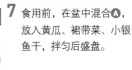 **食用前拌匀**

用混合醋拌匀

7 食用前，在盆中混合Ⓐ，放入黄瓜、裙带菜、小银鱼干，拌匀后盛盘。

小窍门！
拌菜如果长时间放置，就会变得水分太多，味道也变淡了。所以在马上要吃之前再拌匀是最基本的做法。

单柄煮锅 **16cm**

1人份	烹调时间
61kcal	15 分钟

白萝卜油炸豆腐味噌汤

用激发味噌香味的"微沸"技巧
关火能使味噌汤更美味

食材【2人份】

白萝卜……60g

油炸豆腐……1/2片

白萝卜叶……3cm（30g）

高汤……2杯（400mL）

味噌……1～1½大勺

油炸豆腐
1cm宽

白萝卜叶
5mm宽

新手求助

SOS 味噌的风味不浓郁，味道总是差一点。

 市濑老师的解决办法！ 加入味噌后，有没有"咕嘟咕嘟"长时间煮沸？如果是这样，特意利用的味噌的香味就都飞散了。所以稍稍煮沸至气泡一个一个浮起（微沸）时，就是关火的时机。

提前准备食材

白萝卜叶横切小片

1 将锅中的水煮沸，放入白萝卜叶，加入适量盐（另备），稍稍煮一下。放入凉水中冷却，挤干水分后切成5mm宽的横切小片。

油炸豆腐去油

2 煮沸锅中的水，放入油炸豆腐，煮1～2分钟去油。将煮好的油炸豆腐放在滤网上，控干汤汁，待豆腐降温后挤干水分。横向对半切开后，从顶端切成1cm宽的条。

也有将油炸豆腐放在滤网上淋热水的方法，不过煮能更完全地去除油分。

白萝卜切扁条

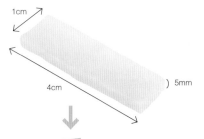

1cm

4cm

5mm

3 白萝卜去皮，切扁条。

小窍门！

将白萝卜切成圆片后再切成细丝，因为纤维被切断，所以口感柔软。如果沿着纤维纵向切开，还能保留清脆的口感。

 用高汤煮食材

煮白萝卜和油炸豆腐

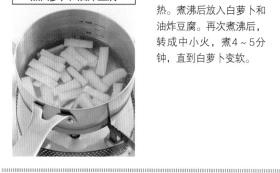

4 在锅中加入高汤，中火加热。煮沸后放入白萝卜和油炸豆腐。再次煮沸后，转成中小火，煮4～5分钟，直到白萝卜变软。

 依次放入味噌→白萝卜叶

溶化味噌

5 转小火，将味噌漏勺放入锅中，加入味噌，用筷子轻轻搅动，溶化味噌。

 使用味噌漏勺能快速溶解味噌，非常方便。

加入白萝卜叶

6 加入白萝卜叶，在煮沸前关火，盛入容器。

 加入白萝卜叶后不可以再煮沸！

小窍门！

除了白萝卜叶以外，裙带菜、小葱、鸭儿芹等加热后也很好吃的食材，或者想要保留风味的食材，要在味噌溶化后放入。

味噌的种类可以选择自己喜欢的味噌有红味噌、淡色系味噌、白味噌等。用于味噌汤的味噌，按照喜好选择即可。如果混合2～3种味噌，风味更浓郁，十分美味。

除了白萝卜油炸豆腐味噌汤以外，还想知道其他简单美味的菜谱。

根据食材的硬度和种类，有何时加入的"法则"，所以介绍几个代表性的菜谱。食材为2人份的大致分量。多多试验，找到技巧吧。

土豆洋葱味噌汤
用高汤煮好后，溶入味噌

土豆（小个）……1个（80g）
洋葱……1/4个

将切梳子形的洋葱和切银杏片的土豆用高汤煮至变软后，溶入味噌。需要注意的是，因为味噌的风味会飞散，所以不能"在煮之前加入味噌，长时间加热"。

花蛤味噌汤
利用贝类的鲜味，无需高汤

花蛤……150～200g

因为贝类可以做成高汤，所以这道味噌汤以不需要高汤为特点。将吐沙（P45）后的花蛤和水倒入锅中加热，贝壳张开后溶入味噌即可。用昆布高汤煮也很美味。因为贝类长时间加热就会变硬，所以贝壳张开后要快速操作。

辣白菜豆芽味噌汤
活用食材的盐分

辣白菜……50g
豆芽……1/4袋（50g）

加热高汤后放入食材，稍稍煮一下后，溶入少量味噌。因为食材有味道，所以味噌要少放一点。尝一下味道，如果味噌不够可以再加入，调好味就做好了。

裙带菜葱香味噌汤
清爽美味的基础中的基础

裙带菜（盐藏）……15g
葱……1/4根

在加热的高汤中溶入味噌后，放入泡发并切好的裙带菜和葱段。基础中的基础，非常简单，只要认真制作，基础料理也有被认可的美味。汤中也可以加入豆腐。

Part 2

用作主菜的日式料理

日式料理的主菜让白米饭变得更加美味。

下面为想要掌握主菜的读者，

介绍简单又美味的"黄金"菜谱。

不论你是想提高烹调技巧，

还是想寻找受用一生的菜谱，

一定要在这一章中精挑细选。

照烧五条鰤

将鱼块表面烤到连皮都十分酥脆
鲜香的风味让人停不下筷子

食材【2人份】

五条鰤（切块）……2块（200g）

Ⓐ 清酒……1½大勺
　　味啉……1½大勺
　　酱油……1½大勺
　　砂糖……1/2大勺

色拉油……1/2大勺

甜醋红姜片……适量

煎锅
26cm

1人份	烹调时间
351kcal	15 分钟

新手求助

SOS 我自己做的，总是没有光泽！

市濑老师的解决办法！ 用味啉和砂糖就能制作出照烧的光泽和浓稠的酱汁。大火收汁，水分变少时，就会出现黏稠的质地和光亮的色泽。转大火，仔细观察，不要把酱汁烧焦，慢慢收汁吧。

准备

擦干五条鰤的水分

1 用厚的厨房纸巾将五条
鰤包起来轻轻按压，擦
干水分。

为什么要擦干水分呢？

五条鰤析出的水分带有腥
味。煎之前将水轻轻擦干。

制作酱汁

2 在小盆中放入Ⓐ并混合
均匀。

照烧酱汁中清酒、
味啉、酱油的比例
为"1：1：1"，这是最
基本的做法。我在这里加
入了砂糖，增强甜味的同
时还能增加浓稠度。

小窍门!

在这个菜谱中，用煎锅将五条鰤煎熟后再裹满酱汁。
用烤网制作时，可以将五条鰤沾满酱汁再烤制，砂糖
不会焦，做出来也很美味。

 皮→正面→背面依次煎熟

先煎皮

3 在煎锅中放入色拉油，中
小火加热。将2块五条鰤
一起用夹子等工具夹住，
鱼皮贴在煎锅上，煎2分
钟左右直到金黄。

鱼皮香酥

将鱼皮煎至金黄可以去除鱼腥味。

再煎正面

4 将盛盘时的正面向下码
在锅中，煎2~3分钟直
到金黄。

基本做法都是将
鱼块能看到皮的
一面向上盛在盘
子里。

最后煎背面

5 用夹子将鱼翻面，用小火
煎4分钟左右，使鱼完全
熟透。用厚的厨房纸巾擦
掉煎锅中多余的油。

要擦油吗？

擦去多余的油可以
去除鱼腥味，也能
让鱼肉更好地裹上
酱汁。

 调味，烧出光泽

加入酱汁

6 加入Ⓐ，用大火煮沸。
用勺子将酱汁淋在鱼肉
上，使鱼肉裹满酱汁。

收汁

7 酱汁稍稍浓稠、出现光
泽后关火。盛盘，搭配
甜醋红姜片。

将酱汁收至这个
程度。

和风汉堡肉饼

搭配白萝卜泥和香辛蔬菜的绝品菜谱
馅料充分搅拌，松软多汁

| 煎锅 26cm | 1人份 441kcal | 烹调时间 25 分钟 |

食材【2人份】

混合肉馅……250g
洋葱……1/2个
面包糠……1/2杯
牛奶……3大勺
蛋液……1/2个量
盐……1/4小勺
酱油……少许
色拉油……1大勺
柑橘醋酱油……适量
白萝卜泥、绿紫苏、
　小葱的横切小片……各适量

洋葱切碎

•实际大小

新手求助
SOS 没有鲜味，干巴巴的。

市濑老师的解决办法！ 制作汉堡肉饼最重要的就是将表面煎硬，锁住肉汁。将去除馅料中的空气，让表面光滑等不让肉汁流失的技巧加在一起，就能做出松软多汁的汉堡肉饼。认真尝试制作一次吧。

(Hop) 制作馅料

炒洋葱，冷却

1 洋葱切成小粒。在煎锅中加入1/2大勺色拉油，中火加热，放入洋葱。炒软后盛出，冷却备用。

因为炒制，洋葱更甜，鱼肉馅更加协调。

泡涨面包糠

2 在小盆中放入面包糠，淋入牛奶，稍稍混合一下，泡涨面包糠。

还要放入面包糠吗？

为了做出松软的汉堡肉饼，发挥作用的正是面包糠。煎制的时候能吸收肉汁，还能锁住鲜味。

为肉馅码入底味

3 在盆中放入肉馅、盐、酱油，轻轻搅拌混合。

最初就放入盐，馅料容易上劲。

混合剩余的食材

4 放入洋葱、面包糠、蛋液，充分搅拌混合直到上劲。

小窍门!
用指尖搅拌混合或用力攥握都能使肉馅充分上劲。肉馅的油脂如果熔化了就容易流出肉汁所以动作一定要快！！这点很重要。

(Step) 做出形状

去除空气

5 将馅料分成2份，手蘸水后一个一个拿起，轻轻拢圆。用双手像投接球一样摔打，排出空气。

为什么呢？

防止煎制的时候碎裂。

压成椭圆形扁片

6 轻轻压扁馅料，调整成椭圆形扁片。如果有裂开的地方，用手指捏合。使表面光滑，防止肉汁流出。

小窍门!
调整形状后放入铺有保鲜膜的平盘中备用，这样煎的时候易于拿起。

(Jump) 煎熟表面后蒸烤

煎表面

7 在煎锅中放入1/2大勺色拉油，用中火加热，将肉饼坯码入锅中，煎2～3分钟。不时用煎铲轻轻按压，使馅料均匀上色。

将表面煎硬，可以封闭肉汁，还能防止形状碎裂。

蒸烤

8 烤好后翻面，转小火，盖上盖子，蒸烤5~6分钟即可出锅。盛入铺有绿紫苏的盘子里，在汉堡肉饼上放上白萝卜泥和小葱，淋上柑橘醋酱油。

炒煮鸡肉

经过炒制，味道更佳浓郁
细细品味食材的鲜味吧

| 煎锅
26cm | 单柄煮锅
16cm | 1人份
231kcal | 烹调时间
45 分钟 |

※除去干货的
泡发时间

新手求助
SOS

蔬菜不入味!

市濑老师的
解决办法!
莲藕、牛蒡、胡萝卜等不
易熟的蔬菜切成滚刀块。
断面的面积增大，味道能更有效地渗入。魔芋
也可以用勺子切开，增加断面面积。

鸡腿肉
一口大小

·实际大小

魔芋
一口大小

牛蒡
一口大小的滚刀块

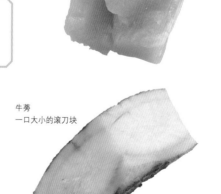

食材【2~3人份】

鸡腿肉……1/2片（130g）
牛蒡……1/3大根（70g）
莲藕……1/3节（70g）
胡萝卜……1/3根（60g）
干香菇……3个
魔芋……1小片（130g）
荷兰豆……4~5片
Ⓐ 清酒……1小勺
┃ 酱油……1/3小勺
高汤……1½杯（300mL）
Ⓑ 砂糖……1½大勺
┃ 味啉……1½大勺
┃ 清酒……2大勺
酱油……2大勺
色拉油……1大勺

Hop 准备

泡发干香菇

1 将干香菇茎部向下，放入快要没过香菇的水中，浸泡3个小时左右泡发。泡发后挤干水分，去掉茎部，切成4等份。

> **小窍门！**
> 在香菇上盖一张厚的厨房纸巾，能使香菇充分吸干水分。

处理魔芋

2 用勺子将魔芋切成一口大小，撒盐（另备）揉搓。在水中煮5分钟左右，然后控干水分。

> 魔芋为了去涩，在水中煮5分钟是最基本的做法。

切其他食材

3 去掉鸡肉上多余的脂肪，切成一口大小，揉抹Ⓐ腌制。牛蒡刮皮，莲藕去皮，分别切成一口大小，泡水5分钟去涩，然后控干水分。胡萝卜去皮，切成一口大小的滚刀块，荷兰豆焯水后斜向对半切开。

Step 炒制

炒鸡肉

4 在煎锅中放入1/2大勺色拉油，中火加热，放入鸡肉。炒至鸡肉颜色变白，表面轻微上色后盛出备用。

炒其他食材

5 在**4**的煎锅中添入1/2大勺色拉油，放入牛蒡、莲藕、胡萝卜、魔芋，翻炒。全部食材过油后，放入香菇、鸡肉，倒入高汤。

Jump 煮制

按顺序加入Ⓑ继续煮制

6 煮沸后撇去浮沫，按顺序加入Ⓑ中的调味料，每加一次混合均匀。盖上落盖，用中小火煮10分钟左右。

> 酱油呢？

> 含盐分的食材后加是最基本的做法。先让甜味得到充分吸收。

加入酱油

7 放入酱油，混合均匀。再次盖上落盖，用中小火煮7分钟左右。

> 在这一步，酱油登场！炒煮鸡肉的调味也遵循"Sa Si Su Se So"原则。

充分入味

8 煮汁基本收干后，揭掉落盖，转大火，翻炒食材裹满煮汁并出现光亮色泽，即可盛盘。撒入荷兰豆。

> **小窍门！**
> 最后用大火收汁是重点！色泽光亮地出锅。

炖猪肉块

事先进行"煎""煮"
做成这道香嫩软糯的美味日式料理

煎锅 26cm	煮锅 22cm	1人份 787kcal	烹调时间 100 分钟

※除去肉的冷却时间

食材【2~3人份】

猪五花肉……600g
葱叶……1根量
姜的薄片……1块量
Ⓐ 清酒……1/2杯（100mL）
　砂糖……1大勺
　味啉……2大勺
　酱油……1大勺
　水……2杯（400mL）

酱油……2大勺
小松菜（煮熟后切成易于食用的
　大小）、黄芥末……各适量

新手求助

自己随意做，炖出来的
肉非常油腻。

市濑老师的
解决办法！ 因为猪五花肉含有很多脂
肪，所以需要在炖之前充
分去掉多余的油脂。先煎猪肉表面，然后将
猪肉煮软，都可以去除油脂。

煎肉

煎制猪肉的表面

小窍门！

用厚的厨房纸巾擦掉析出的油脂，可以去除油腻感。

1 猪肉切成能放入22cm煎锅的长条。将猪肉的脂肪向下放入煎锅中，中火加热，煎3分钟左右至金黄。其他各面分别煎1~2分钟至变色。

Step **事先焯煮**

与香味蔬菜一起煮

为什么要放入葱和姜呢？

因为香味蔬菜能起到抑制肉腥味的作用。

2 将猪肉放入锅中，加入足量的水、葱叶、姜片，大火加热。

撇去浮沫

3 煮沸后撇去浮沫，盖上落盖，使肉充分浸在煮汁中，用小火大约煮1小时。如果煮汁少了，可以适量加水。

事先焯煮不仅可以使肉质软烂，还能去掉多余的油脂，是十分重要的工序。煮肉的煮汁一定要保持没过肉的状态。

确认煮制情况

4 用竹扦扎一下猪肉，如果轻松扎透，就标志着肉已经完全软烂。

※如果时间充足，可以将肉连锅一起冷却。放入冰箱冷藏后，去除表面凝固的油脂，做出的炖肉猪肉块会更加清爽。

将猪肉切块

5 关火，放置20分钟，稍微放凉。取出肉，切成6等分的大块。

终于要切开了。

整块煮时肉的鲜味不会流失，炖出的肉既不会干巴巴，也不容易碎掉。

Jump **一边调味一边炖**

盖上落盖炖肉

6 倒出锅中煮汁并将锅洗干净，放入肉和Ⓐ，中火加热。煮沸后盖上落盖，用中小火炖肉。

也有将煮汁直接用作炖汁的方法，但在这个菜谱中使用清水，炖出的肉味道更佳清爽。

加入酱油

7 煮20分钟左右后加入酱油，再次盖上落盖，用中小火加炖10分钟左右。转大火，让炖汁裹在肉上，直到出现光泽。盛盘，搭配小松菜、黄芥末，淋入煮汁。

铝箔焗三文鱼

用铝箔蒸烤，肉质十分松软
完全浓缩三文鱼与蘑菇的鲜味

食材【2人份】

生三文鱼……2块（200g）
丛生口蘑……1包
胡萝卜……1/5根（30g）
盐……1/4小勺

胡椒……少许
清酒……1大勺
柑橘醋酱油……2大勺
小葱的横切小片……适量

新手求助
SOS 蔬菜干掉，三文鱼还是生的！

市濑老师的解决办法！

即使用铝箔包起来，但是如果有缝隙，蒸汽也不能有效循环。这样三文鱼就不能得到充分加热，水分会飞散从而使蔬菜变干。请掌握铝箔的包裹方法，认真地包裹起来吧。

HOP 准备食材

准备蔬菜

1 丛生口蘑去掉石基，分成小朵，胡萝卜切成5cm长的细丝。

3mm

实际大小·

胡萝卜
细丝
5cm

 小朵是什么?

大致这样的易于食用的一丛叫作小朵。可以不用刀，用手撕即可。

擦干三文鱼

2 用厚的厨房纸巾包裹三文鱼，轻轻按压擦干。

 擦干水分，可以去掉三文鱼特有的腥味，也更容易吸收后面撒入的盐和胡椒。

调味

3 在三文鱼两面撒上盐和胡椒。

  用盐渍三文鱼也可以吗?

盐渍三文鱼肉质紧密，所以在制作铝箔焗三文鱼时，推荐使用松软的生三文鱼。

Step 用铝箔包裹

放在铝箔上

4 准备2片剪成25cm×30cm的铝箔。将食材分成两半，按照丛生口蘑、胡萝卜、三文鱼的顺序依次放在铝箔中间，淋上清酒。

小窍门!

铝箔焗的方法容易因蒸汽封闭住鱼腥味，洒入清酒，蒸出的风味更佳鲜美。

封口

5 合起铝箔对面和身前两侧的边缘，在边缘处折叠2~3次。再折叠左右两侧的边缘，封闭起来。另一个也用相同方法包裹起来。

 只用酒和食材的水分来蒸。为了能快速蒸熟，铝箔的口一定要封紧哟。

Jump 蒸烤

进行蒸烤

6 用预热好的多士炉烤箱焗12~13分钟。盛盘，吃的时候打开铝箔，淋入柑橘醋酱油，撒上小葱。

 没有多士炉烤箱时，可以用中火加热的烤鱼架烤制。或者加入少量的水，放在煎锅上，盖上盖子进行蒸烤。锡纸膨胀起来就是蒸汽没有跑走、完美蒸制的标志。

炸猪排

外酥里嫩
"还想吃"的要求不绝于耳

| 煎锅 26cm | 1人份 540kcal | 烹调时间 20分钟 |

食材【2人份】

猪里脊肉（炸猪排用）……2片（200~240g）
盐……1/4小勺
胡椒……少许
面粉、蛋液、面包糠……各适量
油炸用油……适量
炸猪排沙司……适量
圆白菜、黄芥末……各适量

新手求助
SOS 一炸面衣就掉落了！

市濑老师的解决办法！ 按照面粉、蛋液、面包糠的顺序，依次均匀裹满猪肉是十分重要的。因为每一种材料都有不同的作用，所以每个过程都请仔细操作吧。三层均匀包裹，就能锁住猪肉的鲜味，使炸猪排内芯鲜嫩多汁。

Hop 准备

准备配菜

1 圆白菜切细丝，在凉水中浸泡5分钟，放在滤网上控干水分。

切断肉筋

2 切断猪肉脂肪与瘦肉间的透明肉筋，均匀撒满盐、胡椒。

均匀撒满呀。

为了吃到哪里都是相同的味道，要均匀撒满至边缘。

Step 包上脆衣

涂抹面粉

3 在3个平盘中分别放入面粉、蛋液、面包糠，按照顺序摆放。将猪肉放入盛面粉的平盘中，正面、背面、侧面充分裹满面粉，拍落多余的面粉。

最先涂抹面粉，将肉表面涂满，锁住肉汁。

浸泡蛋液

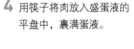

4 用筷子将肉放入盛蛋液的平盘中，裹满蛋液。

蛋液如果裹得过多，脆衣就会过厚，所以以蛋液沾满猪肉表面即可。

小窍门！

蛋液是面包糠的黏合剂。同时因为蛋液加热会凝固，所以在面粉外侧再次成膜，能完全锁住肉的鲜味。

裹满面包糠

5 将肉放入盛面包糠的平盘中，从上面蓬松地盖上面包糠。用手沿着猪肉的形状稍用力压，使面包糠包裹住整片猪肉，然后轻轻拍落多余的面包糠。另一片也用相同方法包上脆衣。

均匀包上脆衣了！

Jump 油炸

正面向上放入锅中

6 在煎锅中倒入2～3cm深的油用油，加热至170℃。把盛盘时向上的面朝上，将**5**静静放入锅中。炸1～2分钟，不要触动。

不断用滤油网捞出碎屑。

上下翻面

7 油炸5～6分钟。表面的面包糠变硬、轻轻上色后，翻面1～2次即可。

炸好的标志是什么？

油炸用油的气泡变小，"滋啦滋啦"的高音出现，就是炸好的标志。时间也请遵守大致标准。

控油

8 将猪排捞出放在铺有网的平盘上，控出多余的油。切成易于食用的大小，与圆白菜、黄芥末一起盛盘，淋入沙司。

 小窍门！

将猪排竖直放在平盘中控油是关键。多余的油滴落的面积越小，面衣越酥脆。

干烧比目鱼

用分量刚好的调味料煮浓收汁是关键
做一道鱼肉完整不碎、鲜香弹嫩的煮鱼吧

| 煎锅 26cm | 1人份 281kcal | 烹调时间 20 分钟 |

食材【2人份】

比目鱼……2块（400g）
姜……1块

Ⓐ 清酒……2大勺
　味啉……2大勺
　酱油……2大勺
　砂糖……2大勺
　水……1杯（200mL）
葱丝（参照P20）……适量

新手求助

SOS 鱼肉碎了, 鱼皮也七零八落的……

市濑老师的解决办法! 煮鱼决不能上下翻面, 这是最基本的准则。盖上落盖让少量的煮汁对流, 用勺子舀起煮汁淋在鱼上, 能让味道充分渗入全部鱼肉中。因为鱼皮容易破碎, 所以放入煎锅或煮锅时不要将鱼块重叠也很重要。

准备

姜切成薄片

1 姜带皮切成薄片。

> 为什么要带皮呢？

> 姜的香味多在皮的附近。为了去掉鱼腥味，姜带皮使用即可。

在鱼皮上切入花刀

2 用厚的厨房纸巾擦干比目鱼表面的水分，在鱼皮上切入1~2条7~8mm深的花刀。

> 切花刀不但鱼肉容易入味，还能防止鱼皮卷曲。

 **炖煮**

比目鱼放入煮汁中

3 在煎锅中混合Ⓐ，加入姜，中火加热。煮沸后将比目鱼鱼皮向上放入锅中。

> 煮汁烧热后再放入比目鱼吗？

> 因为充分煮沸后能激发姜的香味哦。

小窍门！
"1杯水对应各2大勺的清酒、味啉、酱油、砂糖"是干烧调味的基本配比。

> 总是会剩很多煮汁。

> 干烧时，煮汁的量为鱼肉厚度的1/3 ~ 1/2就足够了。虽然需要使用大煮锅或大煎锅不让鱼块重叠，但为了尽快煮熟没有中骨的"鳕鱼"等，使用小煮锅（22cm）调节煮汁的量即可。

盖上落盖

4 再次煮沸后，用勺子舀起并淋上2~3次煮汁，盖上落盖，用中火煮10分钟左右。

> 淋上煮汁吗？

> 这是固定鱼块表面，锁住鱼肉鲜味的技巧。落盖不会和鱼皮粘在一起了。

小窍门！
因为鱼很容易煮碎，所以一定不要上下翻面。落盖是必备品，盖上落盖，可使煮汁不断向上翻腾。

 **出锅**

煮浓收汁

5 打开落盖，用勺子一边将煮汁淋在鱼肉上，一边煮5分钟左右煮浓收汁。

煮至黏稠

6 煮汁黏稠后，关火。盛盘，搭配葱丝。淋上煎锅中剩余的煮汁。

浓稠

> 装饰葱丝显得特别高档！

最好事先记住！
"比目鱼"和"牙鲆"的区别
虽然扁平的鱼长得很相似，但有"左牙鲆右比目"的说法。将鱼腹面向自己，头在左侧的是"牙鲆"，头在右侧的是"比目鱼"。根据种类的不同，也有例外。因为牙鲆比比目鱼的鱼肉硬，所以相比干烧更适合制作刺身或黄油面拖鱼。

凉拌肉片沙拉

将煮熟的肉自然放凉后十分鲜嫩
自制酱汁做成绝佳美味的健康主菜

单柄煮锅 **18cm**　1人份 **308kcal**　烹调时间 **15 分钟**

食材【2人份】

猪肉（涮肉用）······150g
洋葱······1/2个
水菜······1/4捆（约50g）
番茄······1个

A 葱绿部分······1根量
　姜皮······1/2块量
　清酒、盐······各少许

B 芝麻酱······1大勺
　砂糖······1/2小勺
　姜······1大勺
　醋······1小勺
　辣椒油······少许
　葱末······5cm量
　姜末······1/2块量

新手求助

SOS 肉很硬，还不干爽。

市濑老师的解决办法! 涮肉用的肉非常薄，稍微一煮就熟了。因此，操作要尽可能快。煮好后如果放入冰水中，既会损失柔软的口感，还会残留水分，所以推荐放在滤网上自然放凉。

煮肉

准备热水

1 在锅中加入大量的水和 Ⓐ，大火加热。

只用热水不可以吗？

加入清酒和葱叶，可以减少肉的鲜味流失，并给肉增添淡淡的风味。

煮肉

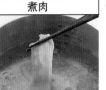

2 煮沸后，将葱、姜皮取出，将火调小至气泡持续翻滚，将肉一片一片展开放入。

如果将肉重叠放入，会导致受热不均，所以必须展开放入。

小窍门！
如果用滚开的大火加热，肉就会变硬，失去柔软的口感，所以请注意。

放在滤网上

3 肉变色后马上用筷子夹出，放在滤网上。

不要过度加热哦。

开始煮肉之前准备好滤网，就能做得更好。

最好事先记住！
涮肉用猪肉和普通的薄片猪肉有什么区别？
在热水中涮一下就能食用的涮肉用猪肉非常薄，厚度多为1mm左右。普通的薄片里脊肉稍厚一些。当然，用普通的薄片猪肉制作凉拌肉片沙拉也很好吃，但涮肉用猪肉的口感更加柔软。

自然冷却

4 将肉放在滤网上，尽量摊开不要重叠，控干水，直接放凉。

不泡在水中吗？

那样的话肉会变得水分太多，而且鲜味也会流失，直接放凉即可。

小窍门！
如果想要快速冷却，可在装满冰水的盆中再叠放一个盆，将肉片铺在盆中冷却。

Step 准备蔬菜

切蔬菜

5 将洋葱横切成薄片，放入盆中。用冷水清洗2~3次。在水中浸泡5分钟左右后，充分控干水。水菜切成6cm长的段，浸泡在冷水中后控干水。番茄去蒂，切成6~7mm厚的薄片。

小窍门！
如果切断洋葱纤维，口感就会变软（参照P156）。浸泡在凉水中，是为了去除辣味。也可以抹盐后清洗，或浸泡在醋水中。

Jump 制作酱汁，盛盘

按顺序混合Ⓑ制作酱汁

6 按顺序放入Ⓑ中的调料，每次放入后混合均匀。将番茄码在容器内，再撒上洋葱和水菜，盛入猪肉，淋上酱汁。

制作酱汁时，在浓度高的调味料（芝麻酱）中一点一点加入液体混合均匀，就不会结块。葱和姜最后放入。

鸡肉丸子

在香浓的甜辣味上裹满柔滑的蛋黄
咬上一口，美味倍增

食材【2人份】

鸡肉馅……200g
ⓐ 葱末……1/3根量（30g）
   姜泥……1/2小勺
   蛋液……1/2个量
   土豆淀粉……1大勺
   清酒……1/2大勺
   酱油……1/2小勺
ⓑ 酱油……1½大勺
   酒、味啉……各1大勺
   砂糖……1大勺
色拉油……1大勺
炒白芝麻……适量
绿紫苏……适量
蛋黄……1个量

新手求助
SOS 总是煎得不松软。

市濑老师的
解决办法！
与汉堡肉饼相同，关键是
制作馅料。为了煎出松软
多汁的肉丸，最重要的任务就是搅馅，要将
所有的肉馅搅到没有颗粒并出现黏度。用小
火慢慢蒸烤，做出来的肉丸就会很蓬松。

(Hop) 制作馅料

混合食材

1 在盆中放入肉馅，加入🅐，将所有食材混合均匀。

搅拌至出现黏度

2 混合至一定程度后，用手指大幅度搅拌，直到肉馅上劲出现黏度。

> 充分搅拌肉馅，直到肉馅没有颗粒并且发黏！

分成6等份

3 将盆中的馅料摊平，分成6等份。

> 这样就能做成相同大小的肉丸了。

做出形状

4 手蘸水，取1/6的馅料轻轻拢圆，用双手来回抛接摔打肉馅使空气排出。轻轻按压肉馅，整理成椭圆形。剩余的馅料也用相同方法制作。

> 操作和汉堡肉饼相同呀。

> 是的。如果表面裂开，就用手指捏合，以防肉汁流出。

(Step) 煎烤

蒸烤至上色

小窍门!
蒸烤的时候混合🅑，就能做得更好。

5 在煎锅中倒入色拉油，中火加热，将**4**的肉饼坯码入锅中。煎2分钟左右，变成金黄色后翻面，盖上盖子，用小火蒸烤3分30秒左右。

> 蒸烤肉丸，使中心完全熟透。

(Jump) 调味

擦油

6 用厚的厨房纸巾擦掉多余的油，淋入混合好的🅑。

> 小窍门!
> 油多会导致酱汁不容易裹匀。

裹满酱汁

7 大火加热，晃动煎锅，使酱汁裹满肉丸，同时煮浓收汁。加热2分钟左右出现光泽后关火。

> 酱汁出现气泡就变浓稠了。

盛盘

8 在器皿中铺上绿紫苏，盛入鸡肉丸，淋入煎锅中的酱汁。撒上芝麻，放上蛋黄。

> 小窍门!
> 蛋白和蛋黄的基础分离方法是用手操作。在盆上磕开鸡蛋后，将鸡蛋放在手上。让蛋白从指缝中流出，只将蛋黄留在手中。如果用蛋壳取蛋黄，容易将蛋黄弄碎。

豆腐炖肉

豆腐充分吸收了牛肉的鲜味
稍稍炖煮美味满分

食材【2人份】

牛肉碎肉……150g

嫩豆腐……1块（300g）

日本九条葱（普通大葱也可以）……2根

A 酱油……2½大勺

清酒、味啉、砂糖……各1大勺

水……2杯（400mL）

新手求助 SOS 豆腐不入味。

市濑老师的解决办法！

豆腐充分去除水分了吗？如果在这一步图省事，豆腐就会水分太多而且没有味道。充分去除水分的豆腐就很容易入味了。

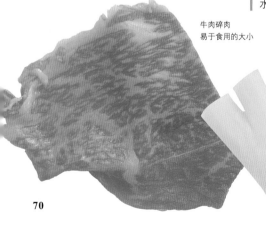

牛肉碎肉
易于食用的大小

九条葱
6cm长

实际大小

豆腐

准备

去除豆腐的水

1 豆腐用厨房纸巾包起来，压上同等重量的物品，放置15分钟，去除水分。

小窍门!
在豆腐上压上平盘等重物，就能均匀去除水分。

切食材

2 将豆腐纵向对半切开，再横向分成3等份。牛肉切成易于食用的大小。葱切成6cm长的段，分开葱白和葱叶。

 为什么要将葱分开呢？

因为不同的部分受热情况不同，所以制作时要考虑时间差哦。

 煮肉

将肉放入煮汁中

3 在煎锅中混合Ⓐ，大火加热。煮沸后放入牛肉，用筷子划散。

撇去浮沫

4 肉变色并再次煮沸后，会出现浮沫，用去沫勺撇去浮沫。

如果在这一步不撇去浮沫，煮汁就会残留异味，影响味道和品相。

Jump 加入豆腐和葱白

加入豆腐和葱白

5 加入豆腐和葱白，一边用勺子将煮汁淋在豆腐上，一边用中小火煮5分钟。

豆腐码入锅中不要重叠，煮汁充分接触豆腐，味道更加均匀。

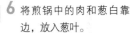 *小窍门!*
豆腐如果用的大火煮，容易出现"蜂窝"，并且变硬。因此，加入豆腐后就不要再煮沸煮汁了。

加入葱叶

6 将煎锅中的肉和葱白靠边，放入葱叶。

葱叶终于登场了！

所有食材的口感都会很好。

稍煮一下

7 豆腐轻轻上色，葱变软后关火，盛盘，倒入煮汁。

 如果长时间炖煮，肉和豆腐都会变硬，所以放入葱叶后稍加炖煮就足够了。

马鲛西京烧

西京烧是在白味噌中腌制过的烤物
香浓的味道搭配白米饭十分美味

食材【2人份】

马鲛……2块（200g）
盐……1/4小勺
Ⓐ 白味噌……150g
　砂糖……1大勺
　清酒……1大勺
　味啉……1/2大勺
甜醋红姜片的细丝……适量

烤鱼架

1人份	烹调时间
204kcal	**20 分钟**

※除去撒盐放置和
腌制的时间

新手求助

SOS 外面已经烤焦了，
里面还是生的！

**市濑老师的
解决办法！** 味噌比较容易烧
焦。但如果使用
右页的腌制方法，鱼不直接沾上味
噌，就可以做出美味的西京烧。不
过，相比盐烧还是容易焦的，所以火
要调得稍小一点。

Hop 准备

在马鲛上撒盐,放置

1 将马鲛撒盐后放入冰箱中冷藏1小时左右。取出后用厚的厨房纸巾擦干。

> 小窍门!
>
> 撒盐除了可以去除鱼腥味,还能析出多余的水分,腌制更入味。而且,为了不让味噌床含水分太多,撒盐后放置一段时间非常重要。

准备混合味噌

2 将马鲛放入冰箱中后,将🅰按顺序放入小盆中混合均匀。

> 放入食材的顺序是什么?

> 从浓度高的食材到浓度低的食材。这样就不会有疙瘩,更容易溶解。

Step 腌制马鲛

铺入混合味噌

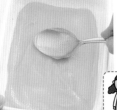

3 用勺子将一半量的味噌盛入保存容器中,铺平。

> 保存容器使用什么样的好呢?

> 最好是大小刚好放入鱼块的容器。这样,混合味噌使用最小限度的量即可。

盖上纸巾

4 将厚的厨房纸巾(或纱布)盖在混合味噌上。

> 小窍门!
>
> 使用厚的厨房纸巾,因为鱼不会直接沾上味噌,所以方便将鱼取出,烤的时候也不容易烤焦。

放上马鲛

5 不要重叠,放入马鲛。

> 按照这样的步骤腌制哦。

铺上剩余的混合味噌

6 将厚的厨房纸巾(或纱布)盖在马鲛上,再铺入剩余的混合味噌。

> 为了均匀腌制,要仔细操作呀。

放入冰箱中腌制

7 盖上盖子,放入冰箱中腌制一晚。

> 腌制几天可以吗?

> 如果腌制时间过长,鱼肉会变硬,而且非常咸。腌制两天之前一定要吃完哦。

Jump 用烤鱼架烤制

取出马鲛烤制

8 用厨房纸巾吸适量色拉油(另备),涂在烤鱼架的网上,预热2~3分钟。揭开厨房纸巾,取出马鲛放在网上,用中小火烤7~8分钟。盛盘,搭配甜醋红姜片的细丝。

姜煮牛肉牛蒡

浓郁的煮汁中浸入了姜的风味
味道好得让人想再吃一碗米饭

| 煎锅 26cm | 单柄煮锅 16cm | 1人份 383kcal | 烹调时间 25 分钟 |

新手求助 SOS
牛蒡入味前，牛肉就变硬了！

市濑老师的解决办法！
煮之前，将牛肉过热水进行"霜降"吧。先煮牛蒡，充分吸收甜味后再放入牛肉。用这样的方法，牛蒡入味，牛肉柔软，十分美味。

牛肉碎肉
易于食用的大小

实际大小 ←

7~8cm长

牛蒡
稍大的细竹叶薄片

食材【2人份】

牛肉碎肉……150g
牛蒡……1根（160g）
姜……2块
Ⓐ 砂糖……1大勺
清酒……2大勺
味啉……2大勺
酱油……1大勺
水……1杯（200mL）
酱油……1大勺

74

Hop 切食材

在牛蒡上切入花刀

1 牛蒡用清水洗净泥土，用刀刃将皮削掉。从粗的一端纵向切入10cm左右的4等分的花刀。

 因为靠近皮的地方有鲜味，所以削皮要尽量薄。

牛蒡泡水去涩

2 在盆中倒水，在水中将牛蒡削成细竹叶薄片。浸泡5分钟后，控干水分。

 原来也有大的细竹叶薄片！

 削牛蒡时旁边放上水，泡水去涩。

小窍门！
细竹叶薄片可以用削皮器简单制作。一边转动切入花刀的牛蒡，一边将削皮刀从上向下拉动，削成细的薄片。

切其他食材

3 牛肉切成易于食用的大小。姜切成细丝。

食材准备完成了。接下来是日式料理中制作煮菜的秘诀，让味道慢慢渗入。

Step 将肉进行霜降

将肉放入热水中

4 在锅中煮沸大量的水。放入牛肉，用筷子划散，稍微加热。

放在滤网上放凉

5 肉的颜色变白后，马上捞在滤网上，充分控干水分。

 霜降可以去除肉的腥味、浮沫、多余的脂肪，肉的口感更加清爽。

Jump 依次煮制牛蒡→肉

从牛蒡开始煮

6 在煎锅中混合Ⓐ，中火加热。煮沸后放入牛蒡，不时搅拌煮4~5分钟，煮至变软。

小窍门！
因为先煮牛蒡，所以味道慢慢渗入，更好吃。

加入牛肉

7 加入牛肉、姜、酱油后稍稍混合，不时搅拌煮4~5分钟，直到煮汁基本没有了。

 因为加入食材有时间差，所以牛肉十分柔软！

酥炸青花鱼

用酱油码过底味的青花鱼
被炸得酥脆焦香

食材【2人份】

青花鱼……2块（200g）

Ⓐ 酱油……1大勺

　　清酒……1/2大勺

　　姜汁……1/2大勺

土豆淀粉……适量

油炸用油……适量

柠檬的梳子形切块……适量

煎锅 26cm

1人份 291kcal

烹调时间 25 分钟

新手求助

SOS 怎么炸都炸不酥！

市濑老师的解决办法！ 码过底味的青花鱼，上面的汁水擦干净了吗？如果在很多汁水的状态下涂抹土豆淀粉，淀粉吸收水分就会变黏。将多余的淀粉拍落后马上油炸也是重点。

Hop 处理青花鱼

拔掉小刺

使用鱼骨钳!

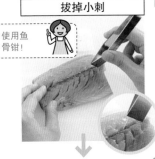

1 因为青花鱼有小刺，所以一边用手指触摸确认，一边拔掉小刺。如果是有中骨的切块，则要去掉中骨。

因为是不用筷子分解便夹起来吃的料理，所以要仔细将刺拔除干净。

切片

2 用左手压住青花鱼，将刀斜向切入并向身前一侧拉动，切成2cm厚的片。

因为是斜向切片，所以更容易受热。

Step 码入底味后涂粉

腌制在调味料中

3 在平盘中混合Ⓐ，将青花鱼裹满调味料并腌制15分钟，使其入味。

小窍门!
码底味时，不时将青花鱼上下翻面，使其均匀入味。

准备油炸用油

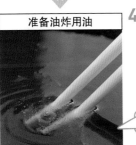

4 在煎锅中倒入2~3cm深的油炸用油，加热。

确认温度

擦干汁水

5 用厨房纸巾仔细擦干青花鱼表面的汁水。

汁水如果较多，就炸不酥脆，而且容易炸焦。

涂抹土豆淀粉

6 在青花鱼上均匀地涂满土豆淀粉，拍落多余的淀粉。

淀粉要涂很多吗?

很薄，很薄!均匀涂满就可以了。

小窍门!
涂抹土豆淀粉后，如果放置一段时间，淀粉就会吸收汁水，面衣容易变得黏腻。想要炸得酥脆，在涂抹淀粉后马上油炸是关键。

Jump 油炸

放入油炸用油中

7 待煎锅中的油炸用油加热至170℃时，放入青花鱼。不时翻面，炸4分钟左右，捞出放入控油盘中控油。盛盘，搭配柠檬。

柠檬

柑橘

柠檬可以使油炸菜品吃起来更清爽。另外，也可以搭配酸橘等个人喜欢的柑橘类水果。

照烧鸡肉

煎到金黄的鸡肉
配上甜辣酱汁和光亮色泽感觉超棒

食材【2人份】

鸡腿肉……1大片（300g）
灯笼椒……6根
Ⓐ 清酒……2大勺
　 酱油……2大勺
　 味啉……2大勺
　 砂糖……1/2大勺
色拉油……1/2大勺

新手求助

SOS 中间没煎熟!

市濑老师的
解决办法!

因为鸡肉有厚度，所以如
果只煎两面，中间无法熟
透。鸡皮煎至金黄后翻面，用小火蒸烤直到
中心熟透，就能煎得鲜嫩多汁哦。

煎锅
26cm

1人份
440kcal

烹调时间
20分钟

Hop 准备

准备鸡肉

1 用厚的厨房纸巾擦干鸡肉的水分。去除多余脂肪（参照P37），纵向切成一半。

脂肪在哪里？

皮和肉之间的黄油色部分就是脂肪哦。

在灯笼椒上切入花刀

2 用刀尖在灯笼椒上切入花刀。将Ⓐ混合均匀。

为了防止煎的时候碎裂，切入花刀制造排出空气的通道。

Step 煎烤

依次煎制灯笼椒、鸡肉

3 在煎锅中倒入色拉油，用中火加热。将灯笼椒煎一下后取出。将鸡肉的皮向下，码入同一口煎锅中。

擦去析出的油脂

4 用厚的厨房纸巾擦去从肉中析出的油脂。

擦去油脂可以去除肉腥味，还能煎得更脆。

上下翻面

5 以5分钟为大致标准，煎至表面金黄，肉的周围变白即可翻面。

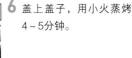
小窍门！

不时用煎铲按压煎制，便能均匀上色。

盖上盖子蒸烤

6 盖上盖子，用小火蒸烤4~5分钟。

因为鸡肉有厚度，所以通过蒸烤使中心熟透。

Jump 调味，出锅

裹满酱汁

7 用厚的厨房纸巾擦去多余的油脂，加入混合好的Ⓐ，用中火加热。晃动煎锅，将肉上下翻面，均匀裹满酱汁并煮浓收汁1~2分钟。

小窍门！
将油脂充分擦去，酱汁裹得更均匀。

煮出光泽

8 酱汁煮浓，出现光亮色泽后，切成易于食用的大小，盛盘。淋入煎锅中剩余的酱汁，搭配3的灯笼椒。

出现这样的光泽最美味！

肉末煮芜菁

煮到软糯的芜菁上
柔和地裹满了鲜香的汤汁

煎锅 26cm | 1人份 155kcal | 烹调时间 15 分钟

食材【2人份】

芜菁……4个
鸡肉馅……80g
Ⓐ 清酒……3大勺
　酱油……1大勺
　味啉……1大勺
　盐……1/4小勺

高汤……1½杯（300mL）
[水淀粉]
Ⓑ 土豆淀粉……2小勺
　水……4小勺

新手求助
SOS 汤汁里有疙瘩!

市濑老师的
解决办法! 用水淀粉勾芡最初很难做。充分搅拌后，在煮汁煮沸时加入。不过，完全沸腾时加入容易形成疙瘩，所以先将火转小一点。加入后，马上搅拌混合汤汁。并且，加入水淀粉后一定要一边混合一边使其保持煮沸状态。持续煮沸的浓稠度比较稳定。努力吧！

Hop 处理芜菁

将芜菁去皮

1 芜菁从颈部1.5cm处切下，去皮，纵向切成4等份。

芜菁的表皮下面可能会很硬，皮削得稍厚一点也没有关系。

去除茎的缝隙中的污垢

2 将芜菁放入装满水的盆中，用竹扦去除茎的缝隙间的泥土等，清洗干净。

使用竹扦操作好像很简单！

Step 煮肉馅和芜菁

混合肉馅和调味料

3 在煎锅中放入肉馅和Ⓐ，加热前用木铲搅拌混合均匀。

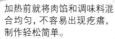
小窍门！
加热前就将肉馅和调味料混合均匀，不容易出现疙瘩，制作轻松简单。

加入高汤

4 中火加热，将肉打散的同时煮至肉馅变色，倒入高汤。

不停搅拌，打散肉馅。

加入芜菁

5 煮沸后，撇去浮沫，加入芜菁。盖上落盖，中小火加热，煮7分钟左右。混合Ⓑ，制作水淀粉。

煮芜菁的时候准备水淀粉呀。

确认是否熟透

6 用竹扦扎芜菁，如果能轻松扎透就熟透了。

芜菁能很快煮熟，变软了就容易煮碎，所以请注意。

Jump 制作浓稠汤汁

加入水淀粉

7 打开落盖，转小火。搅拌水淀粉后淋入锅中，搅拌混合均匀。

土豆淀粉和水容易分离，所以加入前必须再次搅拌水淀粉。

小窍门！
如果过度沸腾，水淀粉还没有完全混匀就凝固了，容易出现疙瘩。所以将火稍稍转小，加入后再将火转大。

轻轻煮沸

8 将火稍稍转大，不要将芜菁弄碎，快速混合均匀，煮沸，待汤汁变浓稠后关火。

一边混合均匀一边使其保持煮沸状态，浓稠度会更稳定。

日式料理的达人课堂

事先处理沙丁鱼

处理一条鱼，如果认真按顺序操作，会格外简单。
即使只去除头和内脏，也可以制作梅子煮沙丁鱼和姜煮等各种菜色。

去除鱼鳞、鳞片

1 将沙丁鱼头向左、尾向右、背向对面放在砧板上。左手轻轻按住头部，用刀尖从尾部向头部像梳理一样刮掉鱼鳞。

去头

2 在胸鳍下入刀，切掉头部。

在砧板上铺上报纸或牛奶盒，就不会弄脏砧板了，将头和内脏包裹起来扔掉也很轻松。

从腹部入刀

3 将鱼尾向自己身前一侧，背部向左放置。从头部的切口向尾部，斜向切掉一点点腹部。

切掉哪里呢？

大致是从头部到肛门。腹部的圆孔就是肛门哦。

用刀尖掏出内脏

4 用刀尖掏出内脏。

不要让刀尖损伤鱼身，小心操作哦。

清洗

5 在盆中放满水，用拇指清洗腹部内侧。用指尖刮掉剩余的内脏和中骨旁边的血，清洗干净。

小窍门！
鱼长时间泡在水中会流失鲜味，所以要快速清洗。

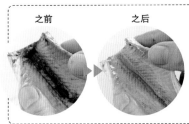

之前　　　　之后

血是腥味的根源，所以要仔细并快速清洗。水脏了就换水清洗。

擦干水

6 用厚的厨房纸巾擦干水，腹部内侧也要擦干。

因为鱼肉柔软所以不要来回擦蹭，温柔按压即可。

日式料理的达人课堂
沙丁鱼的手工展开

因为沙丁鱼肉汁柔软，所以即使不用刀也可以用手去除中骨和腹骨，并将鱼肚打开。
除了蒲烧沙丁鱼（P85）和油炸菜品等，用刀敲打鱼肉还可以做成沙丁鱼鱼丸。

将拇指放入中骨下

1 将事先处理好的沙丁鱼，头向左、腹部向自身一侧拿在手里。将左手的拇指插入鱼腹中间的肉和中骨之间。

 将拇指插入腹骨和鱼肉，指尖的动作是关键！

沿着中骨滑动手指

2 将左手的拇指沿着中骨滑动至头部，从中骨上揭开鱼肉。右手的拇指也用相同的方法向鱼尾滑动，从中骨上揭开鱼肉。

 自己的手就是烹调工具。

小窍门！
一边感觉着中骨的凹凸一边滑动拇指，中骨和鱼肉就能分离干净。

将鱼肉左右打开

3 将鱼肉打开至鱼尾根部。

捏住中骨掀开

4 将沙丁鱼头部向左、尾部向右摆放。捏住中骨，从头到尾向上掀起。左手压住鱼肉，右手拉中骨，掀至鱼尾根部。

 用左手压住鱼肉，尽量不要让鱼肉粘在鱼骨上。

折断并去除鱼骨

5 将中骨掀开至尾部根部后，折断并去除。

 不好折断怎么办？

 也可以用厨房剪刀剪断。

片下左右腹骨

6 将腹骨向左侧摆放，用刀片下。

完成！

 原来如此！是这样处理呀！

梅子煮沙丁鱼

用梅子适当的酸味
做出清爽的风味

新手求助
SOS
鱼腥味没关系
吗?

煎锅
26cm

1人份	烹调时间
281kcal	15 分钟

※除去事先处
理鱼的时间

**市濑老师的
解决办法!** 梅子和姜一样,有减少鱼腥味的作用。如果是咸味很强的梅子,需要尝味道后调节酱油的量。

食材【2人份】

沙丁鱼(事先处理好的)
　　……4条

梅子……2个

Ⓐ 清酒……2大勺

　酱油……2大勺

　味啉……1大勺

　砂糖……1/2大勺

　水……1大杯(200mL)

将沙丁鱼放入煮汁

1 在煎锅中混合Ⓐ,加入梅子,中火加热。煮沸后,将沙丁鱼盛盘时的正面向上放入锅中。

 如果重叠放,鱼皮就会粘连或者煮碎,所以要注意。

盖上落盖炖煮

2 再次煮沸后,用勺子将煮汁淋在鱼肉上,盖上落盖,中火加热8分钟左右。打开落盖,一边在鱼肉上淋煮汁,一边再煮2～3分钟煮浓收汁。和梅子一起盛盘,淋上煮汁。

 干燥的梅子可以吗?

 那不可以哦。

 如果是带有蜂蜜的梅子或者鲣鱼风味的梅子呢?

 因为梅子的味道需要和煮汁的调味料相互平衡,所以使用像奶奶腌的一样、传统的盐渍梅子吧。

蒲烧沙丁鱼

甜辣的酱汁真是好吃得不得了
做成盖饭也大受好评

新手求助
SOS 煎的时候是先煎鱼皮，
还是先煎鱼肉？

市濑老师的
解决办法！ 一般情况下，煎鱼都是先煎鱼皮，但是蒲烧沙丁鱼在盛盘时是将鱼肉作为正面，所以这道菜先煎鱼肉。如果先煎鱼皮，鱼肉容易收缩。

| 煎锅 26cm | 1人份 356kcal | 烹调时间 10 分钟 |

※除去将沙丁鱼手工展开的时间

食材【2人份】

沙丁鱼（手工展开的）
……4条
面粉……适量
Ⓐ 砂糖……1大勺
　清酒……1大勺
　酱油……1大勺
　味啉……1大勺
色拉油……1大勺
萝卜芽……适量

如果水分多，
就会粘上过多
的面粉。

涂抹面粉

1 将Ⓐ混合均匀。萝卜芽切掉根部后洗净，控干水分。用厨房纸巾擦干沙丁鱼，均匀涂满面粉，轻轻拍掉多余的面粉。

将两面煎至金黄

2 在煎锅中倒入色拉油，中火加热。将沙丁鱼鱼肉向下放入锅中，煎3分钟左右煎至金黄。翻面，再煎2分钟。

裹满酱汁

3 用厨房纸巾擦掉锅底多余的油，淋入Ⓐ。晃动煎锅，用勺子舀起酱汁淋在鱼肉上，煮浓至黏稠。盛盘，搭配萝卜芽。

寿喜烧

一边补充汤汁一边煮的关东风味菜谱
也适合招待客人

| 单柄煮锅 16cm | 寿喜烧专用锅 | 1人份 656kcal | 烹调时间 15分钟 |

新手求助
SOS 关东风味和关西风味有什么区别?

市濑老师的解决办法! 一边加入混合高汤和砂糖的汤汁，一边"煮"牛肉和蔬菜的是关东风味。而在牛肉上裹满砂糖和酱油"煎"的是关西风味。

食材【2人份】

牛肉（寿喜烧用）……200g
牛油……适量
葱……1根
香菇……4个
茼蒿……1/2捆
魔芋丝……1小袋（120g）
烤豆腐……1块
Ⓐ 高汤（昆布高汤）……1/2杯
　酱油……1/2杯
　味啉……1/2杯
　砂糖……3大勺
鸡蛋……2～4个

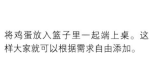

将鸡蛋放入篮子里一起端上桌。这样大家就可以根据需求自由添加。

葱斜向切段
1.5cm厚

・实际大小

茼蒿

Hop 准备

焯魔芋丝

1 在魔芋丝上揉抹少量盐（另备），清洗一下，切成易于食用的长度。在锅中煮沸热水，放入魔芋丝，沸腾后煮4~5分钟。捞出放在滤网上，控干水分。

摘下茼蒿的叶子

2 茼蒿摘下叶尖鲜嫩的部分。

叶根呢？

叶根较硬，可以放入味噌汤等中使用。

切其他食材

3 将葱斜向切成1.5cm厚的段，香菇去蒂，切出装饰（参照P89）。豆腐切成6等份。

准备汤汁

4 将Ⓐ放入小盆中混合均匀，准备汤汁。

为了不影响肉的味道，推荐使用昆布高汤。也可以用煮沸过的酒代替。

Step 煎肉

熔化牛油

5 中火加热寿喜烧专用锅，放入牛油，用筷子夹住牛油均匀涂抹在锅中。

为什么用牛油呢？

因为牛油特有的甜味、鲜味、香味会转移至锅中。如果没有可以用色拉油。

将肉铺开煎一下

6 牛油熔化后，将牛肉铺入锅中，煎一下。

小窍门！
肉经过煎制，即使加入汤汁，肉的鲜味也不会流失。

Jump 煮制

淋入汤汁

7 将适量汤汁淋入锅中。

加入汤汁后煮沸，味道更加温和。

加入其他食材

8 适量加入1、2、3，煮熟后蘸蛋液食用更加滑嫩。

1人份
446kcal

烹调时间
20 分钟

什锦火锅

咕嘟咕嘟，噗噜噗噜，
一家人围坐在锅边享用，温暖又幸福

新手求助

SOS 鸡肉熟了，虾肉就又老又硬了。

市濑老师的解决办法！ 什锦火锅中各种食材煮熟的时间是不同的。先放入胡萝卜、鸡肉等，后放入虾、白菜叶等软嫩的食材。这样就能同时煮好了。

食材【2人份】

鳕鱼……2块
鸡腿肉……1小片（200g）
虾……4只
白菜……1/8个
葱……1根
香菇……4个
胡萝卜……1/2根
嫩豆腐……1/2块

Ⓐ 清酒……2大勺
　淡口酱油……2大勺
　味啉……2大勺
　盐……2/3小勺
　高汤（昆布高汤）
　　……5杯（1L）

白菜帮
3cm宽

白菜叶
5~6cm宽

▸ **实际大小**

准备

将鱼和肉进行霜降

1 鳕鱼对半切开放在滤网上，淋入热水。鸡肉切成一口大小（5cm块状），用相同方法淋入热水。

> 经过霜降可以去除腥味和浮沫。

去除虾线

2 虾带着虾壳，用竹扦插入背部中间的虾线下方，拉出并去掉。

香菇的装饰花刀

3 香菇去蒂。在伞盖的表面斜向入刀，切入V字形花刀，这样切入3条，就做成了华丽的装饰。

> **小窍门!**
> 装饰花刀除了看起来漂亮，还是将香菇快速煮熟的好办法。

切其他食材

4 分开白菜叶和白菜帮，切成大块（参考前一页的实际大小）。斜向切成1.5cm厚的段，胡萝卜切成1cm厚的圆片，豆腐切成6等份。

 从硬的食材开始煮

煮鸡肉、白菜帮等

5 在锅中混合Ⓐ，中火加热。煮沸后放入鸡肉、胡萝卜、白菜帮。

> 先从不容易熟的食材开始煮。

一边撇去浮沫一边煮

6 再次煮沸后撇去浮沫，用中小火煮4~5分钟。

> 我是浮沫终结者！

 煮软嫩的食材

放入鱼、虾、白菜叶等

7 放入鳕鱼、虾，撇去浮沫，煮4~5分钟。放入剩余的食材，煮熟后即可食用。

> 请享用肉、鱼、蔬菜等各种美味吧！

事先做好常备菜，更方便。

充分调味熟透的煮菜，适合事先做好备用。在没有时间或身体疲惫的时候，亦或是在"还差一道菜，要是有什么菜就好了"这种不知所措的时候，有做好备用的日式料理既能帮上忙又十分安心。

煮南瓜
→ P42

炒煮鸡肉 → P56

煮羊栖菜
→ P92

姜煮牛肉牛蒡 → P74

煮白萝卜干丝
→ P94

放入能密闭的洁净容器

保存的大致时间为4～5天。将做好的日式料理放入洗净并完全擦干水的密闭容器中，冷藏保存是最基本的做法。为了不让杂菌繁殖，从容器中取食物时使用的筷子等也要洁净，而且不能带有水分。只取出食用的分量，放在微波炉中加热即可。

Part 3

令人开心的
日式料理配菜

妈妈或奶奶

不用看书就能做出的那些

简单煮菜和常备菜品。

对它们虽然很了解，但总是做不好。

令人开心的日式料理配菜，

最初看着书，记住基础的制作方法吧。

煮羊栖菜

羊栖菜经过充分泡发非常松软
基础中的基础的常备配菜

实际大小

油炸豆腐

胡萝卜细丝
3cm长

5~6mm宽

食材【2~3人份】

羊栖菜芽（干燥）……20g
胡萝卜……1/4根（40g）
油炸豆腐……1片
Ⓐ 酱油……1½大勺
　 砂糖……1大勺
　 清酒……1大勺
　 味啉……1大勺
　 高汤……1杯（200mL）
色拉油……1小勺

单柄煮锅
18cm

1人份
105kcal

烹调时间
35 分钟

新手求助
SOS
煮了很长时间，
但还是不好吃！

市濑老师的
解决办法！
　　羊栖菜和白萝卜干丝等干
　　菜，充分泡发很重要。当
然，如果在水中浸泡的时间过长，口感和香
味都会大打折扣。以20分钟为大致标准，按
照包装袋上的标识确认后泡发吧。

泡发羊栖菜

 翻炒混合

羊栖菜在水中泡发

1 羊栖菜放入盆中，用足量水清洗去污垢。将羊栖菜倒入滤网上，换水，再放入足量水中浸泡20分钟左右泡发。

 如果在这一步没有充分泡发，会导致羊栖菜怎么煮都还会硬，而且不入味。

控干水分

2 用滤网充分控干羊栖菜的水分。

之前

羊栖菜变胖了！

之后

 充分泡发后，重量和体积是原来的7倍。如果没有充分控干水，炒的时候容易溅油，请小心。

切胡萝卜、油炸豆腐

3 胡萝卜切成3cm长的细丝。油炸豆腐去油，纵向切开后切成5～6mm宽的细丝。混合Ⓐ。

炒羊栖菜

4 在锅中倒入色拉油，用中火加热，放入羊栖菜，炒到有光泽。

通过炒制激发浓郁的味道。因为水分飞散，所以更容易入味。不过，如果炒得太过火，羊栖菜表面会脱落，所以请注意。

放入调味料

5 放入胡萝卜、油炸豆腐，翻炒混合至所有食材过油。加入Ⓐ，翻炒一下。

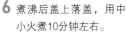 煮透

盖上落盖

6 煮沸后盖上落盖，用中小火煮10分钟左右。

盖上落盖，即使很少的煮汁也能完全流动。

煮透

7 煮汁基本没有了的时候关火，待余热降温后更加入味。

煮汁还有这么多！

煮白萝卜干丝

长久以来让人怀念的味道
只需简单几步就能做好

单柄煮锅
18cm

1人份	烹调时间
107kcal	25 分钟

新手求助 能吃出白萝卜的涩味……

市濑老师的解决办法! 认真揉洗白萝卜干丝了吗?白萝卜干丝的独特异味可以溶解在水中。泡发后,不要忘记用力挤干萝卜丝中的水分。

胡萝卜细丝
4cm长

炸鱼肉饼
6～7mm厚

·实际大小

食材【2～3人份】

萝卜干丝……30g
胡萝卜……1/4根(40g)
炸鱼肉饼……2片(80g)
Ⓐ 砂糖……1小勺
　 清酒……1大勺
　 酱油……1½大勺
　 味啉……1/2大勺
　 高汤……1杯(200mL)
色拉油……1小勺

94

Hop　泡发白萝卜干丝

揉洗

1 将白萝卜干丝放入盆中，倒入足量水，一边拆散一边揉洗。

小窍门！

因为白萝卜干丝团在一起，所以在水中要拆散。经过揉洗，完全洗去污垢十分重要。

浸泡10分钟

2 用滤网捞起，换水，再在足量水中浸泡10分钟左右。

慢慢饱满啦！

挤干水分

3 白萝卜干丝泡发后，用手用力挤干水分，再拆散。如果白萝卜干丝较长，就在拆开后切成段。

泡发后挤干水分，重量大约是之前的5倍，体积增长到约2倍。

切其他食材

4 将胡萝卜切成4cm长的细丝。炸鱼肉饼用热水煮1~2分钟后去油，放在滤网上控干水分后，从一端切成6~7mm厚的条。混合Ⓐ。

Step　翻炒混合

炒白萝卜干丝

5 在锅中倒入色拉油，中火加热，放入白萝卜干丝，用木铲一边打散，一边让所有食材过油，炒至出现光泽。

小窍门！

充分挤干水分的白萝卜干丝，通过翻炒会再次飞散水分，提高味道的吸收力。

炒其他食材

6 加入胡萝卜、炸鱼肉饼，翻炒混合。全部食材过油后，加入Ⓐ混合均匀。

因为白萝卜干丝和羊栖菜等容易入味，所以加入混合好的调味料煮透即可。

Jump　煮透

盖上落盖

7 煮沸后盖上落盖，用中小火大约加热10分钟，煮透至煮汁基本没有了。

感觉到"家乡的味道"！♪

煎锅
26cm

1人份	烹调时间
189kcal	40分钟

炒煮豆腐

肉和蔬菜的鲜味慢慢渗入豆腐中
让人还想再做的黄金菜谱

新手求助
SOS 做出来不是炒煮豆腐，
是乱七八糟的豆腐!

**市濑老师的
解决办法!** 试试充分控干豆腐的水
分，炒的时候也让水分完
全飞散。没有多余的水分，就能激发鲜味，
格外好吃。

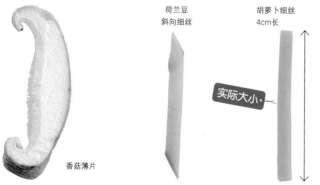

香菇薄片

荷兰豆
斜向细丝

胡萝卜细丝
4cm长

实际大小·

食材【2~3人份】

嫩豆腐……1块（300g）

鸡肉馅……50g

胡萝卜……1/4根（40g）

香菇……3个

荷兰豆……4片

鸡蛋……1个

Ⓐ 砂糖……1大勺

清酒……1大勺

酱油……1/2大勺

盐……1/3小勺

色拉油……1大勺

Hop 准备

将豆腐控水

1 用厚的厨房纸巾包住豆腐，压上同等重量的重物，放置30分钟左右，完全控出水分。

切其他食材

2 胡萝卜切成4cm长的细丝。香菇切薄片。荷兰豆去筋，在加入盐（另备）的热水中煮一下，然后捞出放在凉水中冷却，斜向切成细丝。鸡蛋打散。混合Ⓐ。

掰碎豆腐

3 用手将豆腐掰成稍大的一口大小，用厚的厨房纸巾擦干水分。

 豆腐稍微放一会儿就会析出水分。

 是的。所以在炒之前还要擦干豆腐的水分，这样会更加入味。

Step 炒制

炒肉和蔬菜

4 在煎锅中倒入色拉油，中火加热，炒散肉馅。肉变色后，加入胡萝卜、香菇，炒至所有食材过油。

加入豆腐

5 加入豆腐，用木铲炒散。一边让水分飞散，一边炒4~5分钟，炒干并轻微上色即可。

 充分翻炒使豆腐的水分飞散。

Jump 出锅

调味，加入蛋液

6 加入Ⓐ，炒至汁水基本收干，淋入蛋液混合，鸡蛋熟透后加入荷兰豆，翻炒一下即可出锅。

 鸡蛋如果炒得过火就会变硬，炒至软嫩就关火吧。

煎锅 26cm　单柄煮锅 16cm　1人份 258kcal　烹调时间 40分钟

脆皮炸豆腐

涂抹土豆淀粉后马上油炸
热热的让人兴奋，好像在"自家居酒屋"

食材【2人份】

嫩豆腐……1块（300g）

Ⓐ 酱油……1大勺
味啉……1大勺
高汤……1/2杯（100mL）

土豆淀粉……适量

油炸用油……适量

白萝卜泥（去汁）、姜泥、
　小葱的横切小片……各适量

新手求助
SOS　炸不脆！

市濑老师的解决办法！
我想是因为面衣的土豆淀粉吸收了豆腐的水分。要涂抹淀粉必须擦干豆腐的水分。为了能在涂抹土豆淀粉后马上炸豆腐，事先热油就是重中之重。

白萝卜泥

搭配香辛料、提升美味

姜泥

小葱的横切小片

准备

| 将豆腐控水 |

1 用厚的厨房纸巾包住豆腐，压上同等重量的重物，放置30分钟左右，完全控出水分。

| 加热Ⓐ，制作味汁 |

2 在锅中混合Ⓐ，用中火加热，煮沸后关火，准备味汁。

> 炸之前准备好更安心。

| 开始热油 |

3 在煎锅中倒入2~3cm深的油炸用油，加热至180℃。

180℃

 涂抹土豆淀粉

| 豆腐切成6等份 |

4 豆腐切成6等份，用厚的厨房纸巾擦干切口的水分。

> 如果豆腐里有水分，涂抹土豆淀粉后就会变黏或容易出现疙瘩。

| 涂抹土豆淀粉 |

5 在豆腐表面薄薄地涂一层土豆淀粉。

 油炸，淋入味汁

| 放入油中 |

6 豆腐涂抹淀粉后马上一块一块放入加热至180℃的油炸用油中。将所有豆腐放入油中。

> 趁着土豆淀粉没有吸收水分，按照涂抹淀粉的顺序将豆腐放入油锅。

| 上下翻面 |

7 炸2分钟，面衣固定后上下翻面。再炸2分钟至轻微上色。

> 如果在表面还没有固定时触碰，面衣可能会脱落。

| 淋入味汁 |

8 控油，盛盘，淋入味汁。放上白萝卜泥、姜泥，撒上小葱。

> 看起来像居酒屋的料理一样！

炒煮豆腐渣

配料非常丰富，经济实惠
认真学习这道健康的日式料理吧

煎锅 26cm | 1人份 146kcal | 烹调时间 15 分钟

※除去香菇的泡发时间

新手求助

口感干巴巴的！

市濑老师的
解决办法！
在制作豆腐的工序中，滤去豆浆后剩下的就是豆腐渣。严格来讲，去除豆腐渣的水分和异味，加入高汤和调味料，让豆腐渣吸收食材或煮汁的鲜味，就能做得柔嫩水润。

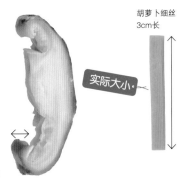

胡萝卜细丝
3cm长

实际大小

香菇
5mm厚

食材【2~3人份】

豆腐渣……150g
干香菇……3个
胡萝卜……1/3根（50g）
小葱……2根
高汤……3/4杯（150mL）
Ⓐ 砂糖……1大勺
　 清酒……1大勺
　 酱油……1大勺
　 味啉……1大勺
色拉油……1大勺

准备

切胡萝卜、小葱

1 干香菇放入盛水的盆中，盖上厚的厨房湿巾，不要让香菇浮起来。泡发后切成5mm厚的片，取出1/4杯泡发汁备用。

干香菇的泡发汁中充满了鲜味！取出备用可以加入煮汁中。

切胡萝卜、小葱

2 将胡萝卜切成3cm长的细丝，小葱横切小片。混合 Ⓐ。

 炒制

炒香菇、胡萝卜

3 在煎锅中倒入色拉油，大火加热，炒香菇、胡萝卜。

小窍门！
用油炒食材，可以让味道更香浓。

加入豆腐渣

4 所有食材过油后，加入豆腐渣，充分翻炒混合。

焙至松散

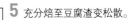

5 充分焙至豆腐渣变松散。

什么是焙？

 焙是用加热使水分飞散的烹调方法。能去除豆腐渣的异味，更容易吸收煮汁。

 炒煮

加入高汤和泡发汁

6 加入高汤和泡发汁，将所有食材混合均匀。

因为加入了香菇的泡发汁，所以味道变得浓厚。

炒煮

7 加入 Ⓐ，一边混合一边炒煮，直到煮汁完全吸收。出锅时加入小葱翻炒一下即可。

放在冰箱中可以保存3天。

烤茄子

茄子烤后再轻轻蒸一下
就能做出软嫩的完美口感

食材【2人份】

茄子……4个
姜泥……1/2块量
木鱼花……1小袋（3g）
酱油……适量

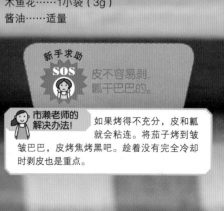

新手求助

SOS 皮不容易剥，瓤干巴巴的。

市濑老师的解决办法！ 如果烤得不充分，皮和瓤就会粘连。将茄子烤到皱皱巴巴，皮烤焦烤黑吧。趁着没有完全冷却时剥皮也是重点。

准备

去掉茄子的萼

1 将刀放在茄子和蒂连接的根部，浅浅地切入花刀，旋转一周，剥掉萼。

 小窍门！

为了不让水分流失，不要将蒂去掉，只是将萼削薄即可。

在皮上扎洞

2 用竹扦在茄子上均匀扎一些洞。

为什么要扎洞呢？

在烤制过程中，水分会蒸发，为了不使皮破裂，所以要扎洞。

Step 烤制

码在烤鱼架上

3 将烤鱼架预热3分钟，茄子放在网上。烤6～7分钟至变黑变焦后，上下翻面，再继续烤4～5分钟，边观察边烤。

确认熟透

4 用筷子夹住茄子的顶端，变软了就取出。

皮烤焦了就 OK。

Jump 蒸后剥皮

盖上保鲜膜蒸

5 将茄子放入盆中，盖上保鲜膜放煮锅中蒸。蒸好后，待降温至手指可以触摸的程度。

如果放入水中呢？

那就会变得水分太多，所以要用上面的方法哦！

小窍门！

还残留热度时容易剥皮，所以不要放得过凉。

使用竹扦剥皮

6 趁着还有热度，从蒂的切口插入竹扦，拉起皮剥掉。

如果太烫，可以一边在指尖上蘸凉水一边操作。

切成易于食用的大小

7 切成易于食用的大小，盛盘，放上姜泥、木鱼花，淋上酱油。

这次使用了烤鱼架，也要用到翻转烤网烤制的方法。

单柄煮锅
16cm

1人份
152kcal

烹调时间
30 分钟

豆腐拌什蔬

充分给每种食材调味
在马上要吃之前混合是重点

菠菜
4cm长

魔芋细丝
4cm长

实际大小

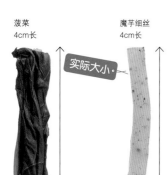

食材【2~3人份】

嫩豆腐……1/2块（150g）
干香菇……2个
胡萝卜……1/5根（30g）
菠菜……1/4捆（50g）
魔芋……1/2小片（50g）
Ⓐ 砂糖……1大勺
　味啉……1大勺
　淡口酱油……2小勺
　高汤……3/4杯（150mL）
Ⓑ 白芝麻碎……2大勺
　砂糖……1大勺
　淡口酱油……1/2小勺
　盐……1/4小勺

新手求助
SOS

时间长了就变得
水分太多。

市濑老师的
解决办法！

拌料和其他食材混合后如
果长时间放置，就会腌
出水分。马上要吃之前再搅拌是关键。"醋
拌黄瓜裙带菜（P46）""芝麻拌四季豆
（P107）"也是同样的操作。

Hop 准备豆腐和各种食材

豆腐控水

1 用厚的厨房纸巾包住豆腐，用同等重量的重物压住，放置20分钟左右，控出水分。泡发香菇（参照P57）。

魔芋焯水

2 魔芋切成4cm长的细丝，用盐（另备）揉搓，凉水下锅焯一下，捞出控水。

 请记住焯魔芋要凉水下锅哦。

切其他食材

3 泡发的香菇挤干水分，切成5mm厚的片。胡萝卜切成4cm长的细丝。菠菜用热水焯水后，放在凉水中放凉，捞出挤干水分后切成4cm长的段。

Step 煮熟食材

煮香菇、魔芋

4 将Ⓐ混合放入锅中，中火加热。煮沸后，放入香菇和魔芋。

加入胡萝卜

5 再一次煮沸后，转中小火煮3分钟。加入胡萝卜，煮2分钟左右至胡萝卜变软。

 给食材码入底味是制作豆腐拌什蔬的基础。

冷却

6 连汤汁一起倒入平盘中，冷却后，加入菠菜混合均匀，并使其入味。

为什么要放在平盘里？

 因为可以一边冷却，一边让味道渗入食材中。

Jump 用拌料拌匀

制作拌料

7 豆腐放入盆中，用打蛋器打碎，再用橡胶铲混合至柔滑。加入Ⓑ，混合均匀，制作拌料。

小窍门！

原本，豆腐应该在研钵中磨碎，如果没有研钵就用这个方法磨碎。

加入食材后拌匀

8 将食材放在滤网上，充分控干汁水，放入拌料中拌匀。

 为了不使整道菜变得水分过多，要在马上吃之前再凉拌哦。

切食材

1 一边在盆中蓄水一边用流水冲洗小松菜后，将小松菜切成4cm长的段，茎和叶分开。油炸豆腐去油（参照P49）后纵向对半切开，再切成1cm宽的条。

煮小松菜的茎

2 在锅中混合Ⓐ，中火加热。煮沸后放入小松菜的茎和油炸豆腐，煮1～2分钟。

茎和叶子用时间差烹调！

小窍门！
菠菜涩味很重，需要焯水后再煮，但小松菜可以直接煮。

单柄煮锅 **16cm**

1人份	烹调时间
111kcal	10分钟

高汤小松菜油炸豆腐

小松菜不需要事先焯水
充满油炸豆腐鲜味的煮汁也十分美味

食材【2人份】

小松菜……1捆（200g）
油炸豆腐……1片
Ⓐ 清酒……1大勺
淡口酱油……1大勺
味啉……1大勺
盐……少许
高汤……1½杯（300mL）

放入叶子

3 放入小松菜的叶子，稍微混合一下。煮软后关火，连煮汁一起盛入盘中。

新手求助
SOS 叶子烂糟糟、黑糊糊的。

市濑老师的解决办法！ 因为煮得过火了。青菜的叶子和茎受热速度不同，所以如果同时加热，茎煮熟了，叶子就会煮烂。所以，先放入茎，再加入叶子是关键。

| 煎锅 26cm | 1人份 96kcal | 烹调时间 10分钟 |

芝麻拌四季豆

满满芝麻风味的拌菜
使用芝麻碎就可以简单地做成一道菜

食材【2人份】

四季豆……100g（12~13根）

Ⓐ 白芝麻碎……1½大勺

砂糖……2小勺

酱油……2小勺

水……2小勺

新手求助

SOS 四季豆不清脆，软绵绵的。

市濑老师的解决办法！ 可能是四季豆焯得过火了。不要焯到完全变柔软，在还有一点清脆的程度下关火！焯水后放入冰水中冷却也可以增加口感，并且保持鲜艳的绿色。

去掉四季豆的蒂

1 对齐四季豆的蒂，用刀切掉。

  有筋吗？

鲜嫩的四季豆筋不是很明显。也可以折断蒂部，拉开连在蒂上的筋。

焯水后放入冷水中

2 在煎锅中煮沸大量热水，加入适量盐（另备），放入四季豆。炒2分30秒左右，捞出放入冰水中冷却，再用滤网捞出控干水分。

小窍门！ 四季豆不要焯过火，以残留一点清脆口感为宜。

凉拌

3 在盆中混合Ⓐ，制作拌料。用厨房纸巾擦干四季豆表面的水，切成4cm长的段，加入到拌料中，搅拌均匀。

切食材

1 仔细洗净白薯的外皮，将其切成1.5cm厚的圆片。在水中泡5分钟左右（为了防止变色和煮碎）。仔细洗净柠檬的外皮，将其切成半月形的薄片。

因为要连皮使用柠檬，所以要清洗干净。也可以去皮。

单柄煮锅 18cm	1人份 226kcal	烹调时间 20分钟

柠檬煮白薯

香甜的白薯中柠檬的酸味是亮点
也适合作为便当菜

食材【2~3人份】

白薯……1根（300g）
柠檬……1/4个
Ⓐ 水……1½杯（300mL）
砂糖……4大勺
味淋……3大勺

白薯焯水

2 在锅中放入白薯和足量水，中火加热。煮沸后焯3分钟左右，将水倒出。

小窍门！
白薯焯水，可充分去掉涩味。

调味并煮制

3 在锅中混合Ⓐ，中火加热。用筷子等搅拌，砂糖溶化后加入白薯和柠檬。

砂糖的量可以根据喜好调节。

新手求助
SOS 白薯变黑了！

市濑老师的解决办法！
白薯涩味重，容易变色。需要经过泡水和焯水的操作。柠檬有预防变色的作用，认真制作就能煮出鲜艳的颜色。

煮透出锅

4 煮沸后撇去浮沫，盖上落盖，用中小火煮10分钟左右为宜。竹扦能轻松扎透后关火，静置使其入味。

白薯一边放凉一边吸收味道，更加美味。

108

| 煮锅 22cm | 1人份 74kcal | 烹调时间 15 分钟 |

煮毛豆

在焯水前后分别抹盐是重点
用盐激发毛豆甜味的"下酒菜小王子"

食材【2~3人份】

毛豆……1袋（300g）
盐……适量

新手求助

SOS 焯水后过凉水，就变得水分太多。

市濑老师的解决办法！ 毛豆不要过凉水，放入滤网中直接放凉是基本的做法。泡在水中就会变得水分太多，咸味也会被去掉。如果用扇子扇风降温，绿色会变得十分鲜艳，试一试吧。

去掉毛豆的两端

1 从枝上取下毛豆豆荚，用厨房剪刀剪去两端。

 焯水时，豆荚中会进入盐水，就给豆子调味了。

抹盐

2 盆中放入毛豆，用流水冲洗。洗净后将毛豆放入滤网中控干水分。将盛有毛豆的滤网重叠在盆上，撒入1大勺盐，充分揉抹。

小窍门！

毛豆上抹盐，能去掉绒毛，还有保持甜味的作用。焯出来的毛豆颜色也会更加鲜艳。

带着盐直接焯水

3 锅中煮沸大量水，将2中带着盐的毛豆倒入锅中。以5分钟为宜，煮成自己喜欢的硬度。

趁热抹盐

4 毛豆倒入滤网中，充分控干水分。趁热撒入一小撮盐，晃动滤网翻动毛豆，一边冷却一边晃匀盐分。

 认真制作的话非常好吃哦。

这部分菜品与白米饭十分相配，所以我想将它们用作便当菜或做成一份拼盘都十分令人开心。

炸鸡块（P36）、
煮南瓜（P42）等
做成的拼盘

三色盖饭的鸡肉末（P120）、
柠檬煮白薯（P108）等
做成的拼盘

照烧鸡肉（P78）
做成的便当

Part 4

总是想做的
日式米饭、日式面条、
日式汤

只要认真制作，就能做得非常好吃，

并且吃下去能温暖心灵和身体的

米饭、面条，还有汤。

正因为是频繁登场的食物，

如果认真掌握好基本操作，

烹调能力就会不断提高。

白米饭

蓬松光润，还有淡淡清甜
如果米饭好吃，就已经是幸福了

电饭煲	饭碗1碗	烹调时间
	252kcal	105 分钟

※饭碗1碗为150g

食材【方便制作的量】
米……360mL（2盒）

新手求助

SOS 大米怎么测量呢？

市濑老师的解决办法！ 在烹调中常用的量杯为200mL，但米用量杯为180mL（=1盒）。将米装入量杯中后，用筷子等划掉多余的米，认真计量吧。

✕　〇

Hop 洗米

搅拌一下→将水倒掉

1 盆中放入米，倒入足量水，快速搅拌一下后，马上将水倒掉。这样重复2~3次。

小窍门!

最初米浸湿时，会充分吸收水分。如果大米吸回溶出米糠的水，就会导致米饭出现米糠味。这一步中要手快，这是最基本的制作方法。

温柔清洗

2 然后，用靠近手掌根的部位，轻压10次左右。倒入水，轻柔地大面积搅拌一下，将水倒掉。这样重复3~4次。

 不要用力按压或是在滤网中清洗哦，这样米会变得容易碎。

控水

3 米变得淡淡透明后，倒在滤网上控干水分。

 像这样，有一点浑浊也没关系。

Step 浸泡

让米吸水

4 将米倒入电饭煲的内胆中，将内胆放在平整的地方，加水至相应刻度（因为是2盒米所以是2的刻度），浸泡30分钟左右让米吸水。

 总之都是按照刻度？

虽然经过各种尝试寻找喜欢的煮饭状态也可以，但是最初尝试时还是请按照刻度操作。新米的水分较多，水稍稍放少一点也可以。

Jump 煮好后→蒸

煮好后，搅拌

5 将内胆放回电饭煲中。按下煮饭键煮饭。煮好后，用打湿的饭铲从底部翻起搅拌，蒸10分钟左右。

 现在的电饭煲，也有按下煮饭键后，从浸水开始的机型，或结束提示时即为蒸好的机型。请按照电饭煲的说明书进行操作。

肠胃疲劳时或感冒时的国民食物

粥（七分粥）

单柄煮锅 18cm	※除去让米浸水的时间
全量	烹调时间
303kcal	125 分钟

食材【饭碗2~3碗】

米……1/2杯（100mL）
水……3½杯（700mL）

※可以按照喜好加入盐、梅子等

1 米洗净后放在滤网上，充分控干水分。

 一定要充分控干米的水分哦。

2 在锅中倒入米和水，浸泡1小时左右。

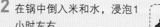 如果不让米充分浸水至米芯，就会只有表面柔软而易煮碎。

3 开大火，煮沸后转小火。从锅底大面积搅拌1次，错开一点盖上锅盖，煮40~50分钟。

  如果多次搅拌，会成为浆糊状，所以以搅拌一次即可。在搅拌时，如果拨开粘在锅底的米，就不会粘锅了。

咸味饭团

非常提味的海苔咸味饭团
无论是刚刚捏好还是装入便当，都充满了爱意

1个	烹调时间
169kcal	7 分钟

新手求助

SOS 自己做老是感觉差一点!

市濑老师的解决办法! 如果说饭团是用"盐"决定味道的，绝不为过。将盐粘在饭团表面，会刺激味觉。在手上蘸一点水，水量不要让盐溶化为宜，然后在手上涂满盐捏饭团吧。

食材【4个量】

热米饭……盖饭2碗量（400g）

盐……适量

烤海苔……整张1/2片

馅料……适量

Hop　捏之前的准备

剪海苔

1 用厨房剪刀将海苔剪成4等份。

为了能在捏好后马上粘上海苔，要先准备好哦。

手上蘸水和盐

2 首先，在双手的手指和手掌上蘸水。然后，在食指和中指上蘸盐，涂抹在整个手掌上。

小窍门！

盐的量蘸满2个手指刚刚好。用手蘸水是为了米饭不会粘在手上。如果水过多饭会发黏，还请注意。

Step　将米饭握成三角

米饭放在手掌上

3 将1/4的米饭盛入饭碗中，蓬松聚拢后放在左手上。左手手掌呈"谷"形。

放入馅料时

在步骤3将米饭放在手上后展平，在中间做出凹槽，放入馅料。将边缘的米饭向中间聚拢，从4开始捏法相同。

做出山形

4 右手在上，做成"山"形，用两手将米饭包起来，轻轻聚拢，右手为"山"尖，左手为"谷"底，做出饭团的角。

小窍门！

米饭刚刚蒸好，握在手上手会微微变红的温度最佳。米饭之间容易粘在一起，吃起来口感非常柔软。

米饭太烫，不能捏！！

如果太烫，就将米饭放入饭碗中放置一会儿，待其稍微冷却。

调整成三角形

5 将米饭团向自身一侧转动几次，调整成三角形。

※如果手干了可以再蘸水。

如果不停转动，米饭很快就变凉了，做出来的饭团会发硬，还请注意。

Jump　卷上海苔，完成

卷上海苔

6 在饭团上像包裹一样卷上海苔。

海苔香味最棒！简单就是最强！最喜欢饭团啦！

煎锅 26cm	1人份 723kcal	烹调时间 15分钟

亲子盖饭

掌握关火的时机
让鸡蛋松软、浓稠地上桌吧

新手求助

SOS 鸡蛋凝固了怎么办?

市濑老师的解决办法! 蛋液要慢慢加热。如果火太大或粗心大意不仔细,鸡蛋就做不出"松软浓稠"的口感。即使在觉得"还有点早吧"的时候关火,余热也还在慢慢加热,所以马上将蛋液盖在饭上吧。多制作几次,掌握好时机吧。

·实际大小

鸡腿肉
稍小的一口大小

食材【2人份】

鸡腿肉⋯⋯1小片(200g)
洋葱⋯⋯1/2个
鸡蛋⋯⋯3个
热饭⋯⋯盖饭2碗量(400g)
Ⓐ 高汤⋯⋯3/4杯(150mL)
　酱油⋯⋯2大勺
　清酒⋯⋯1大勺
　味淋⋯⋯1大勺
　砂糖⋯⋯1/2大勺
鸭儿芹⋯⋯适量

准备

切鸡肉和洋葱

1 将鸡肉用厨房纸巾擦干水分，去除多余的脂肪，片成稍小的一口大小。洋葱切成6～7mm厚的薄片。

片鸡肉可以使鸡肉表面积增大，加热和入味都更快。

打散鸡蛋

2 将鸡蛋打入盆中，一边用筷子切断蛋白一边大致打散。

小窍门!

严禁过度搅拌！打到鸡蛋稍稍留有蛋白的程度，就能做出浓稠的口感。但是，如果不切断蛋白，就会全部黏在一起，所以要注意。

Step 煮食材

煮鸡肉和洋葱

3 在煎锅中混合Ⓐ，中火加热。煮沸后，加入鸡肉和洋葱，不时翻动，煮4～5分钟。

这个菜谱的煮汁不是盖住食材的量。一边翻动所有食材，一边均匀加热吧。

   就这么做！

盛饭

4 煮的时候，将热饭盛在碗里。

 程序很好呢。

Jump 加入鸡蛋，煮至半熟

淋入鸡蛋

5 鸡肉熟透后，转中小火，将蛋液从中间向外侧淋入。

小窍门!

如果火过大，鸡蛋会一下全熟。相反，如果火太小，蛋液就会沉底。所以，将火力调节到煮汁轻微煮沸的程度是最好的。

  为什么从中间开始呢？

 煎锅外侧离火最近对吧？也就是说，比起中间部分，外侧的鸡蛋更容易凝固。所以从中间倒入蛋液，熟的火候就能大致相同。

盖上盖子煮

6 马上盖上盖子，煮30秒～1分钟至半熟状态。用汤勺舀起，盛在米饭上，放上鸭儿芹。

117

五味什锦饭

调味料在马上要煮饭前加入是要诀
配菜的美味相互渗透，好吃得想要再来一碗

电饭煲　单柄煮锅 16cm　1人份 556kcal　烹调时间 90 分钟

食材【2~3人份】

米……360mL（2盒）

鸡腿肉……1小片（200g）

干香菇……3个

牛蒡……1/4根（50g）

胡萝卜……1/3根（50g）

魔芋……1/2小片（50g）

Ⓐ 酱油……1小勺
　 清酒……1小勺

Ⓑ 酱油……1½大勺
　 清酒……1½大勺
　 味啉……1½大勺
　 盐……1/3小勺

新手求助

SOS 分量没有错误，米饭却有硬芯！

市濑老师的解决办法！ 是不是将酱油、盐等调味品加入电饭煲中后，让大米浸水了？因为调味料会妨碍米吸水，所以会残留硬芯。在马上要按下煮饭键前再加入调味料，是煮饭的最基本做法。

(Hop) 准备配菜

洗米

1 在煮饭前30分钟洗米，然后将米放在滤网上。

> **小窍门！**
> 与浸米的方法相同，放在滤网上也能让米吸水。煮调味饭时，放入**6**的调味料后再加水，所以在这里要用滤网让米吸水。

给鸡肉码入底味

2 用厨房纸巾擦干鸡肉的水分，去除多余的脂肪，切成2cm宽的块。放入盆中，加入 **A** 揉匀。

 事先给鸡肉码入底味，能提高出锅时的美味。

将魔芋焯水

3 将魔芋切成4cm长的细丝，用盐（另备）揉搓后，焯水后控干水分。

切香菇

4 泡发香菇，挤出水分后切成5mm厚的片。盛出2勺泡发香菇的汁水，供煮饭时使用。

> 泡发香菇时，为了不让香菇浮起来，要用厚的厨房纸巾盖住。

切其他食材

5 用刀刮掉牛蒡的皮，削成细竹片，在水中泡5分钟左右去涩，然后控干水分。胡萝卜切成4cm长的细丝。

> **小窍门！**
> 尽量统一食材的大小，这样更容易食用。

(Step) 将米和配菜放入锅中，煮饭

混合调味料等

6 在电饭煲的内胆中，放入米、**B**、泡发香菇的水，混合均匀加水至刻度线处。

> **小窍门！**
> 因为要先让米和调味料混合后再调节水量，所以先加调味料后注水。

放上配菜，煮饭

7 依次放入2、3、4、5中准备好的食材，按下煮饭键。

 咦，这样就可以煮饭了吗？

> 加入盐和酱油后，即使浸水，米也不会吸收水分，所以马上煮饭就可以了。

(Jump) 煮好后蒸

搅拌一下米饭

8 煮好后，用饭铲快速混合，使多余的水分飞散，再盖上盖子焖10分钟。

> 让人食欲大增的诱人香味！

煎锅 **26cm**　单柄煮锅 **16cm**　1人份 **638kcal**　烹调时间 **15分钟**

三色盖饭

在鸡肉和鸡蛋两种碎末上点缀绿色
做成便当或招待客人，都十分令人喜欢

新手求助 **SOS** 鸡肉末干巴巴的。

市濑老师的解决办法！试一试将肉馅和调味料充分搅拌后再加热的方法吧。这样更容易打散，不容易煎过火，肉质也更加细嫩。

·实际大小

荷兰豆细丝
4～5cm长　→ 3mm宽

食材【2人份】

鸡蛋……2个
鸡肉馅……150g
荷兰豆……10片
Ⓐ 砂糖……1/2大勺
　味啉……1大勺
　清酒……1大勺
　盐……少许
Ⓑ 酱油……1½大勺
　清酒……1大勺
　味啉……1大勺
　砂糖……1大勺
　姜汁……1小勺
热饭……盖饭2碗量（400g）

120

荷兰豆焯水后切丝

去筋、焯水

1 去除荷兰豆的蒂和筋。在锅中加入水和少许盐（另备）煮沸，放入荷兰豆焯一下，使荷兰豆的颜色更加鲜艳。

 因为想要保留一点清脆的口感，所以不要焯得过火哦。

切成细丝

2 捞出荷兰豆，放在凉水中冰镇后控干水分，切成3mm宽的细丝。

荷兰豆颜色鲜艳，切成丝后更易入口。

Step 干炒鸡蛋

打散鸡蛋

3 在大碗中打入鸡蛋，用筷子的尖端，像擦蹭碗底一样将鸡蛋打散。

一边混合鸡蛋一边干炒

4 在煎锅中倒入鸡蛋液和❹，充分混合后中火加热。使用3~4支筷子不停打散炒匀。

小窍门！

 用3~4支筷子搅拌，更容易打散硬块。

关火，搅至松散

5 待鸡蛋没有浓稠液体之后就可以关火了，然后继续打散直到鸡蛋完全松散。

啊，已经关火了吗？

 是的。用余温慢慢加热，做出的鸡蛋末就会很滑嫩。

Jump 制作鸡肉末

干炒肉馅

6 在煎锅中放入肉馅和❸，充分搅拌混合后，中火加热。使用3~4支筷子不停打散，炒匀。

搅至松散

7 将肉干炒至淡褐色，没有汁水为止。在碗中盛饭，放上肉末和煎鸡蛋，最后放上荷兰豆。

 搅拌肉馅和调味料后再开火，肉馅更容易打散，味道也更均匀。

盖饭菜谱，也可搭配木盆

在杂货店可以找到的可爱木制器皿，用起来也很方便。虽然用于三色盖饭的碗（图片前侧的碗）是北欧制的，但是与日式料理也能相得益彰。

稻荷寿司

咬一口，甜辣的煮汁就会溢满口腔
与清爽醋饭的配比也非常绝妙

食材【10个量】

油炸豆腐……5片

Ⓐ 水……1½杯（300mL）
　砂糖……3大勺
　味啉……3大勺
酱油……3大勺

热饭（煮得稍硬的饭）……500g（约1½盒）
Ⓑ 寿司醋……2½大勺
　砂糖……1½大勺
　盐……1/3小勺
炒白芝麻……1大勺

煎锅
26cm ｜ 1个 181kcal ｜ 烹调时间 30 分钟

新手求助
SOS 油炸豆腐破了！

市濑老师的
解决办法！ 用筷子将油炸豆腐中间的
豆腐部分压散，更容易打
开哦。当然，厚的油炸豆腐，也有可能不好
打开，不要慌，细心地操作吧。

Hop 事先准备油炸豆腐

打开油炸豆腐

1 将油炸豆腐放在砧板上，上面放1根筷子，用双手前后滚动筷子。将较长的边切开一半，放入手指，将豆腐打开成袋状。

> 转动筷子，可以压散油炸豆腐中的豆腐内芯，更容易打开。

去油

2 在煎锅中煮沸足量的水，放入油炸豆腐。上下翻面煮一下，去油。放在滤网上，待余热降温后挤干水分。

Step 煮油炸豆腐

让油炸豆腐稍稍吸入甜味

3 在煎锅中混合Ⓐ，中火加热。煮沸后，将油炸豆腐码入锅中，上下翻面后裹满煮汁。盖上落盖，用中小火煮2~3分钟。

加入酱油，放凉

4 加入酱油，煮5~6分钟至煮汁大概煮干。将油炸豆腐取出放到平盘中，盖上保鲜膜，放凉。

> 这样做啊！

Jump 制作醋饭，填入

搅拌醋饭

5 搅拌混合Ⓑ，准备寿司醋。在盆中盛入热饭，淋入寿司醋，用饭铲像切一样搅拌均匀。

> **小窍门！**
> 做醋饭时的米饭，因为要加入水分（寿司醋），所以要煮得稍硬一点。

散热

6 在米饭中加入寿司醋拌匀后加入芝麻，一边用扇子扇风待余热降温，一边搅拌，就能做出色泽光亮的醋饭。

> 让醋在饭中拌匀后再扇风啊！

> 不要让饭完全变凉，待余热降温即可。

将醋饭做成圆柱形

7 将醋饭分成10等份。在手上沾水，将醋饭轻轻捏成圆柱形。

> 做成圆柱形更容易填入油炸豆腐中。

填入油炸豆腐

8 将油炸豆腐的汁水用手轻轻挤出（不要太过用力），打开开口。填入**7**，折叠开口封口。将折叠的位置向下放入容器中。

| 煮锅 22cm | 1人份 373kcal | 烹调时间 15分钟 |

煮荞麦面

1 锅中煮沸足够的热水，分散放入荞麦面。马上用筷子搅散，不时搅拌打散。再次沸腾后，加入1/2杯凉水，抑制沸腾（这叫"点水"），按照袋子上标记的时间煮制。

揉洗

2 煮好后将荞麦面倒在滤网上，控干热汤。盆中放凉水，放入荞麦面，一边用流水冲，一边用双手揉搓清洗，最后控干水。

 盆中的水变浑浊后换水，直至去掉黏液。放置冷却。

用冰水收紧

3 在盆中准备冰水，放入2的荞麦面，充分冷却。然后将荞麦面倒在滤网上控干水分，盛盘。搭配面酱油、小葱、芥末即可。

小窍门！

如果吃热荞麦面，在2冲洗后，放入热水中浸泡加热，搭配热的面酱油即可。

荞麦面

用流水充分冲洗，再用冰水收紧，口感会更加顺滑，还能裹上更多面酱油

新手求助

SOS 为什么要"揉洗"？

市濑老师的解决办法！ 揉洗可以洗掉荞麦面表面的黏液。这样就能得到顺滑的口感，还有助于裹上更多的面酱油。乌冬面也一样。揉洗使面条更加筋道。

食材【2人份】

荞麦面（干燥）……200g
面酱油（参考下方）……1/3杯
横切小片的葱、手磨芥末……各适量

基础的面酱油（蘸料酱油）

味啉、酱油、高汤的黄金比例是1：1：4

食材【容易制作的量】

味啉……1/4杯（50mL）
酱油……1/4杯（50mL）
高汤……1杯（200mL）
木鱼花……1袋（5g）

1 在直径16cm的煮锅中倒入味啉，中火加热。煮沸后，轻轻转动锅，再煮沸30秒左右。

2 加入酱油，煮沸后立刻加入高汤。

3 煮沸后加入木鱼花，暂时关火（小心溢锅）。再次用中小火加热，煮沸1~2分钟。关火，用铺有厚厨房纸巾的滤网过滤。

※也可以放入保存容器中，随时取用。冷藏可保存约5日。

| 单柄煮锅 16cm | 单柄煮锅 18cm | 1人份 295kcal | 烹调时间 15 分钟 |

※除去浸泡小鱼干的时间

温乌冬面

使用淡口酱油的关西风味面酱油
酱油有浓郁的小鱼干风味，忍不住全部喝完

新手求助

关东风料理怎么做呢？

市濑老师的解决办法！

关东风的料理，用P124面酱油的制作方法和步骤，按照味啉、酱油、高汤1：1：10的比例制作就可以了。如果是2人份，就准备各1/4杯的味啉和酱油，还有2½杯的高汤即可。

食材【2人份】

乌冬面（冷冻）……2团
高汤……3½杯（700mL）
小鱼干……15g
🅰淡口酱油……1大勺
　味啉……1大勺
　盐……1/2小勺
天妇罗面渣……3大勺
葱的横切小片……适量
七味粉……少许

准备加入小鱼干的高汤

1 将小鱼干去除头和内脏（参照P23），与高汤一起放入18cm煮锅内，浸泡30分钟左右。然后中火加热，开始冒泡后关火，用滤网过滤。

如果增加小鱼干的量，就能做出赞岐乌冬面的风味。如果长时间煮沸会出现异味，所以快速煮制很重要。

加入调味料

2 用16cm煮锅，放入1和🅰，煮沸后转小火，加热至3中乌冬面出锅。

加热冷冻乌冬面

3 用18cm煮锅煮沸热水，放入冷冻乌冬面，划散，按照包装袋的标识煮制。煮熟后捞出控干热汤，盛入容器中，淋入2的面酱油。放上天妇罗面渣和葱的横切小片，撒入七味粉。

小窍门！

如果是冷冻乌冬面，面条煮好后可以直接盛入容器，但是用凉水揉洗一次能去除黏液，口感会变得顺滑。如果是干面，则必须揉洗。

提前制作淋面酱油备用，使用十分方便！

乌冬面的淋面酱油也可以放入容器中冷藏，忙碌的日子或是晚归的日子，马上就可以准备好，能节约很多时间。冷藏可以保存5日。

猪肉味噌汤

内含丰富食材，令人开心的大份汤
味噌分2次加入，所以味道十分深厚

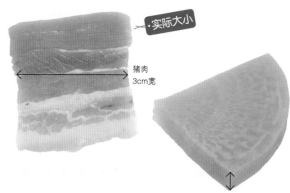

猪肉
3cm宽

· 实际大小

胡萝卜切银杏片
5mm厚

单柄煮锅 18cm	1人份 232kcal	烹调时间 30 分钟

食材【2~3人份】

猪五花肉薄片……100g
白萝卜……50g
胡萝卜……40g
牛蒡……1/4根（40g）
芋头……2小个（160g）
葱……1/3根
魔芋……1/2小片（60g）
高汤……3杯（600mL）
味噌……2½大勺
色拉油……1/2大勺
一味粉……少许

新手求助

SOS 味道和香味，老是觉得差一点……

市濑老师的解决办法！ 味噌汤虽然是在出锅时加入味噌，但做猪肉味噌汤时分次加入味噌是最基本的做法。第1次是炒食材后煮沸时加入味噌，先让食材充分吸收味噌的味道。第2次是在出锅时加入味噌，能双重保持味噌的味道和香味。

Hop 准备食材

魔芋去涩

1 用勺子等将魔芋切成一口大小，撒少许盐（另备）揉搓，在水中煮5分钟左右，控干热汤。

去除芋头的黏液

2 将芋头削皮，切成1cm厚的片，揉入少许盐（另备）去除黏液。用水冲洗，然后用厚的厨房纸巾擦干水分。

如果有黏液会不容易煮熟，也不容易入味。"芋头煮鱿鱼"（P144）等菜谱中将芋头焯水，能更彻底地去除黏液。

牛蒡削成片

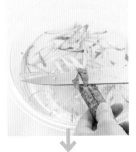

3 牛蒡用刀刮皮后，削成3cm长的细竹片（参照P156），泡水5分钟，控干水分。

切其他食材

4 猪肉切成3cm宽的片，白萝卜厚厚地去皮后切成5mm厚的银杏片，胡萝卜也切成5mm厚的银杏片，葱切成5mm厚的横切小片。

事先准备完成了！

Step 炒食材后煮制

炒葱以外的食材

5 锅中倒入色拉油，中火加热，放入魔芋、芋头、牛蒡、胡萝卜、白萝卜翻炒。全部过油后放入猪肉，继续翻炒混合。

进行炒制能增加香浓的味道，也能更快地煮熟。

倒入高汤

6 肉变色后倒入高汤。将火转大一点，煮沸后撇去浮沫。

Jump 分两次加入味噌

溶入一半的味噌

7 溶入一半的味噌，用中小火煮6~7分钟，直到蔬菜变软。

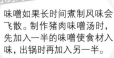
小窍门！

味噌如果长时间煮制风味会飞散。制作猪肉味噌汤时，先加入一半的味噌使食材入味，出锅时再加入另一半。

溶入剩余的味噌

8 加入葱，稍煮一下，溶入剩余的味噌，煮沸前关火。盛入容器，撒入一味粉。

出锅时的味噌起到增加风味的作用。所以加入后不要再让汤煮沸哦。

127

蛋花汤

在高汤中增加浓稠度
让蓬松的蛋花浮在汤上

单柄煮锅
16cm

1人份	烹调时间
52kcal	10 分钟

食材【2人份】

鸡蛋……1个

香菇……2个

高汤……2杯（400mL）

Ⓐ 酱油……1/2小勺
　盐……1/4小勺

[水淀粉]
　土豆淀粉……1小勺
　水……2小勺

新手求助

SOS 鸡蛋粘在了锅底，
汤汁还是浑浊的。

市濑老师的解决办法！ 一定要增加高汤的浓稠度，鸡蛋才容易浮起来。要让蛋液细细流入锅中，如果一次性地将鸡蛋倒入锅中，蛋液就会沉入锅底。另外，加入鸡蛋后，不能马上搅拌，需要等其凝固。如果马上搅拌，就会导致汤汁浑浊。

Hop　准备

准备食材

1 香菇去蒂，切成薄片。鸡蛋打入小盆中，将筷子的顶端放在盆的底部，切断蛋白打散。

制作水淀粉

2 在小盆中放入土豆淀粉、水，充分搅拌。

> 土豆淀粉与水的比例为1：2哦。

Step　增加高汤的浓稠度

煮香菇

3 在锅中放入高汤，中火加热，煮沸后放入香菇和Ⓐ，煮2分钟左右。

加入水淀粉

4 转小火，再次搅匀水淀粉后淋入锅中。

> 土豆淀粉和水很快就会分离，所以要在倒入锅中前再次搅拌。

煮沸

5 转稍大火，用汤勺等快速搅拌。微微煮沸，增加浓稠度。

> 煮沸后浓稠度会更稳定。

小窍门！

加入水淀粉后，如果放置不管容易出现疙瘩。所以加入水淀粉后一定要马上搅拌汤汁，否则即使开再大的火也不会均匀。这一点和"肉末煮芙菁"（P80）是相同的注意事项。

Jump　制作蓬松的蛋花

淋入蛋液

6 当汤汁"咕嘟咕嘟"煮沸的时候，一边从锅的中心向外侧画圈，一边让蛋液顺着筷子细细流入锅中。

> 啊，好像一下全都倒进去了！

> 如果有漏勺，可以将蛋液通过漏勺流入锅中。

用余温煮熟

7 待鸡蛋蓬松地浮起来后，马上关火。搅拌一下，盛入碗中。

小窍门！

加入蛋液后，不要触碰。鸡蛋浮上来后关火。用余温煮熟鸡蛋，就能做出柔软的口感。

单柄煮锅 **16cm**

1人份	烹调时间
36kcal	**10 分钟**

※除去海蚬吐沙的时间

海蚬味噌汤

要抓住贝壳打开的时机

有了海蚬的鲜美，就不需要高汤了

食材【2人份】

海蚬……150g
水……2杯（400g）
味噌……1½大勺
小葱的横切小片
　……适量（参照P20）

新手求助

SOS

花蛤吐沙时要用盐水，海蚬为什么要用清水呢?

市濑老师的解决办法!

贝类在接近生息场所的环境中，更容易吐沙。花蛤是生活在海中的，所以使用类似海水的浓度为3%的盐水为宜。海蚬多数生活在湖泊、河口等比海水盐分低的地方，所以要使用清水。

用清水吐沙

1 在平盘中放入海蚬，倒入快要没过海蚬的水。盖上铝箔等，放在阴暗安静的地方1小时。

 花蛤或文蛤要浸泡在盐水中吐沙，但是海蚬要用清水吐沙!

小窍门!
用铝箔或报纸盖住，制造阴暗环境，海蚬更容易吐沙。

搓洗

2 盆中放水，在流水下相互揉搓海蚬的贝壳清洗。清洗干净后倒在滤网上，控干水分。

凉水煮

3 在锅中加入足够的水，放入海蚬，中火加热，煮沸后撇去浮沫。

不使用高汤吗？

因为贝类能煮出鲜美的味道，所以可以不用高汤。只不过，如果贝类的量少，有时也会用昆布吊高汤。

溶入味噌

4 贝壳张开后再煮1~2钟。然后溶入味噌，在马上要煮沸前关火。最后盛入碗中，撒入小葱。

小窍门!
如果贝类煮得过火，肉会收缩变硬。所以贝壳张开后要快速出锅。

> **用盐水吐沙，清洗**

1 在平盘中放入文蛤，倒入快要没过文蛤的盐水（另备）。盖上铝箔等，放在阴暗安静的地方1小时。在放水的盆中，一边冲水一边将文蛤的贝壳相互揉搓清洗，然后控干水分。

盐水怎么制作呢？

记住盐水的浓度要与海水相近，浓度低于3%是最基本的做法。500mL的水中混合1大勺少一点的盐即可。

> **加入清酒和盐煮制**

2 在锅中放入足量的水、清酒、文蛤，中火加热。煮沸后撇去浮沫，加入盐。

小窍门！

与"海蚬味噌汤"相同，也要用凉水煮。为了增加鲜味，可以加入清酒。

> **出锅时加入酱油**

3 贝壳打开后再煮2~3分钟，然后加入酱油调味。盛入碗中，搭配菜薹花。

酱油的作用是增加风味。出锅时加一点点即可。

文蛤清汤

春季的美味清汤

在喜庆的日子或女孩节的时候也想制作

单柄煮锅 **16cm**

1人份	烹调时间
27kcal	**10** 分钟

※除去文蛤吐沙的时间

食材【2人份】

文蛤……4~6个
水……2杯（400mL）
清酒……1大勺
盐……1/4小勺
酱油……少许
菜薹花（焯水的）……适量

新手求助
SOS
想做出清澈的汤汁。

市濑老师的解决办法！
清汤是重视细腻味道和漂亮卖相的日式料理的汤。味道如果依赖酱油，颜色就会变浓，所以用盐调味是最基本的制作方法。酱油用于出锅时增加风味。

汤，由"主料""配料""调味料"构成，在每个季节都有应季的搭配哦。

 哦，是这样啊。

季节感很容易体现。用高汤加热主料和配料，用盐调味，盛入碗中后加入香味料是最基本的做法。以此为基础，用冰箱中现有的食材，就能轻松做出不同口味的汤。

主料	主要食材……应季的鱼贝、肉、蔬菜类、干货、加工品等
配料	为煮菜增色……当季的蔬菜等
调味料	散发香味……极少量的香辛料或香味食材

春 竹笋裙带菜汤

主料　竹笋（焯水的或水煮的薄片）……40g
配料　裙带菜（盐藏，泡发后切成易于食用的大小）
调味料　花椒的嫩芽……适量

秋 豆腐丛生口蘑汤

主料　豆腐（切方块）……1/3 块（100g）
配料　丛生口蘑（分成小朵）……1/4 包
调味料　柚子皮……适量

夏 素面秋葵汤

主料　素面（焯水后过凉水）……15g
配料　秋葵（焯水后切小片）……2 根量
调味料　烤海苔……适量

冬 鱼糕菠菜汤

主料　鱼糕（切薄片）……4 片
配料　菠菜（焯水后放入凉水冷却，挤出水分后切成3cm 长的段）……1/4 捆（50g）
调味料　姜泥……适量

Part 5

用诚心和决心
挑战高难度日式料理

虽然很想做，但是看起来好难。

虽然看起来很难，但是好想做。

有客人来的日子或是重要的纪念日，

想以烹饪高手为目标时，

请一定要试着挑战高难度日式料理。

掌握了这些，应该会更自信吧。

白萝卜炖五条鲕

如果能彻底去除异味，就是煮菜高手
融入鱼杂味道的白萝卜，好吃得停不了口

白萝卜切半月片
2.5cm厚

·实际大小

食材【2~3人份】

五条鲕的鱼杂……300g
白萝卜……1/2根（600g）
姜的薄片……2块量
米……2大勺
盐……1/2小勺
Ⓐ 清酒……1/2杯（100mL）
　水……2½杯（500mL）
砂糖……2大勺
味啉……2大勺
酱油……2½大勺

新手求助

SOS 为什么会腥呢？

市濑老师的
解决办法！

从鱼上处理下来的头、骨以及上面的肉叫作"鱼杂"，特点是鲜味强，腥味也重。通过"撒盐""霜降"来去除腥味吧。因为会析出大量浮沫，所以要仔细撇去浮沫哦。

煎锅
26cm

1人份
308kcal

烹调时间
60分钟

处理白萝卜和五条鰤

煮白萝卜

1 将白萝卜厚厚地去皮，切成2.5cm厚的半月片。煎锅中放入白萝卜、足量水、米，中火加热。煮沸后转中小火，煮7分钟左右。

> **小窍门!**
> 煮白萝卜时放入米，可以去除白萝卜的苦味。如果煮过火了，和鱼杂一起煮的时候白萝卜就容易碎，所以白萝卜煮到刚刚能用竹扎扎透即可。

在五条鰤上撒盐

2 煮白萝卜的时候，将五条鰤的鱼杂码在平盘中，撒盐，腌10分钟左右。

> 这是去除鱼杂腥味不可或缺的步骤！

冷却煮好的白萝卜

3 将煮好的白萝卜放在滤网上清洗。去掉米，将白萝卜浸泡在水中冷却后控干水分。

> 将白萝卜泡在水里吗？

> 通过冷却，更容易入味。

将五条鰤进行霜降

4 在煎锅中放入大量水煮沸，放入带盐的五条鰤鱼杂煮制。待表面发白后马上捞出。

> 这就是霜降哦。

清洗，去血块

5 将五条鰤鱼杂放在凉水中，一边冲水，一边仔细洗去血块和黏液，然后放在滤网上控干水分。

> **小窍门!**
> 霜降后，仔细去除粘在骨头上的血块，可以去除腥味。

煮五条鰤和白萝卜

撇去浮沫

6 在煎锅中放入白萝卜、五条鰤鱼杂、姜，加入 **A**，大火加热。煮沸后撇去浮沫，再用中火煮5分钟。

> **小窍门!**
> 因为出现大量浮沫，所以煮的时候要不断撇去。

调出甜味

7 依次加入砂糖、味啉，每次加入后搅拌一下。盖上落盖，中火煮15分钟左右。

> 首先让食材吸收甜味，是煮菜最基本的制作方法。

加入酱油

加入酱油

8 加入酱油，搅拌均匀，再次盖上落盖，中小火煮15分钟左右。

9 取下落盖，转至大火，晃动煎锅，使食材裹满煮汁。

茶碗蒸

用小火慢慢蒸是诀窍
没有"蜂窝"，口感柔滑

食材【2人份】

鸡蛋……1个
鸡小胸……1小条（40g）
香菇……1个
鱼糕……2块

A 清酒……1/2小勺
盐……少许

B 淡口酱油……1/4小勺
味啉……1/4小勺
盐……少许
酱汁……3/4杯（150mL）

鸭儿芹（摘下叶子，茎切成
2cm）……适量

煮锅 22cm	1人份 76kcal	烹调时间 30 分钟

新手求助 SOS 能做成像布丁一样的柔滑口感吗？

市濑老师的解决办法！ 想做出柔滑的口感，重要的是蛋液里没有蜂窝。打鸡蛋时不要打出气泡，过筛，使蛋液均匀，用小火稳定加热，认真按照这些重点制作，新手也能成功哦！

·实际大小

鸡胸肉
片成一口大小

准备食材

去掉鸡胸的筋

1 将鸡胸肉有白筋的一面向下，用手指按住筋的前端，用刀背一边将一边去除（使用厨房纸巾不会打滑，更容易压住）。将鸡胸肉片成1口大小，揉抹Ⓐ。香菇、鱼糕切成5mm厚的片。

Step 制作蛋液

充分打散鸡蛋

2 盆中打入鸡蛋，将筷子的顶端放在碗底，切断蛋白，充分打散。

小窍门！
如果打出泡沫，蒸的时候就容易出现"蜂窝"。

加入高汤和调味料

3 在盆中混合Ⓑ，加入蛋液搅拌。

记住鸡蛋和高汤的比例为1:3！顺便说一下，一个鸡蛋约50g。

过滤蛋液

4 将蛋液过滤到盆中。

小窍门！
过滤蛋液，可以使茶碗蒸的口感更柔滑。泡沫消失，也就不会出现蜂窝了。

将蛋液倒入容器

5 在容器中放入鸡胸肉、香菇，慢慢倒入蛋液。

如果一下子倒入蛋液，会出现气泡！

有气泡的地方可以用勺子舀出来。

Jump 蒸

在锅中倒入热水

6 在锅底铺上薄的垫布，放入5。在容器的周围倒入2cm深的热水。

在底部铺上垫布可以使容器稳定，而且接触到的热度也更温和。

盖上盖子蒸

7 为了防止凝结在盖子上的水滴入容器中，在盖子上也裹上布。中火加热，2分钟左右煮沸后，将盖子稍稍移开，用极小的小火蒸10~12分钟。

小窍门！
到容器完全温热之前，蛋液很难被加热，所以可以用中火。如果开始就用小火，蛋液不易凝固，所以需要调节火力。

确认是否熟透

8 中间蓬松后，用竹扦扎一下，如果中间的汁水是清澈的，就蒸好了。从锅中取出，放上鱼糕和鸭儿芹。

如果不想用竹扦扎，可以稍稍摇晃一下茶碗。中间有弹性，全部凝固就蒸好了。注意不要烫伤哦。

竹笑鱼的处理

三片处理是将鱼切分成右边的鱼肉、左边的鱼肉、中骨部分共 3 块的处理方法。
在这里以竹笑鱼为例，仔细介绍基本的处理方法。掌握了方法，鱼料理的种类会丰富很多。

去掉锯齿状鳞片

1 鱼身上从尾部至腹部的坚硬部分就是锯齿状鳞片。将竹笑鱼放在铺有报纸的砧板上，鱼头在左，鱼腹朝向自己放置，将刀尖从鱼尾根部横向插入，向头部小幅度片下锯齿状鳞片。

切掉头部

2 在胸鳍的下方斜向入刀，切至中骨。翻面，用相同方法从另一侧切掉鱼头。

> 虽然有点害怕，但我会努力的！

去除内脏

3 鱼尾在左，鱼腹朝向自己放置，将头部的切口至肛门处切开。用刀尖从开口处取出内脏。用刀尖刮掉中骨顶端的薄膜。

> 包进报纸中丢掉！

> 中骨上的薄膜会导致腥味哦。

用流水冲洗鱼腹

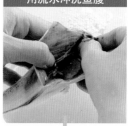

4 在盆中接流水，用手指清洗鱼腹内部。洗净后，用厨房纸巾擦干鱼腹内的水分。

> 堆积血液的中骨附近一定要仔细清洗。

在腹部入刀

5 鱼尾在左，鱼腹朝向自己放置，从肛门至尾部，在腹鳍的边缘入刀，沿着中骨深入切口。

在背部入刀

6 鱼头在左，鱼背朝向自己放置。从鱼尾根部开始，在背鳍的上侧入刀，切至鱼头，沿着中骨深入切口。

> 如果一次切不开，可以顺着切口，沿着中骨再切。

切开鱼身

7 从鱼尾根部，沿着中骨上侧，横向入刀，切开鱼身。

切成 2 片

掌握"三片处理"后，挑战这些日式料理！

●鱼身部分
制作下一页中介绍的"南蛮风味腌竹笑鱼"（P140）或天妇罗等。
去皮后的鱼肉，可以制作"鱼肉碎""醋腌鱼肉""鱼圆味噌汤"等各种菜品。

●中骨部分
不要扔掉，用油炸熟后撒盐，就做成了酥脆的"鱼骨仙贝"。可以当作零食或下酒菜。

翻面，在背部入刀

8 将鱼身翻面，中骨向下，鱼尾在左，鱼背朝向自己放置。从鱼头沿着背鳍的上侧至背部入刀。再次沿着中骨深入切口。

在腹部入刀

9 变换方向，鱼尾在右，鱼腹朝向自己放置。从鱼尾在腹鳍的上侧入刀，切至鱼头。再次沿着中骨深入切口。

找到了刀尖在中骨上滑动的感觉！

沿着中骨，切开鱼身

10 从鱼尾根部，沿着中骨上侧，横向入刀，切开鱼身。

变成
3片了

片去腹骨

11 将腹部向左放置，在腹骨下方横向入刀，拉动刀的同时片下腹骨。

如果过多削掉鱼肉，吃的部分就减少了哦！

拔出小刺

12 使用鱼骨钳，拔掉鱼肉中间的小刺。

向头部方向拔，就能轻松去除小刺。

完成！

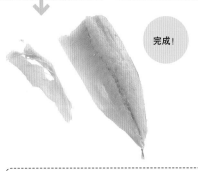

如果制作刺身，需要剥皮
将切成3片的竹笑鱼头部一侧向左放置。一手压住头部一侧的鱼肉，一手从鱼头向鱼尾方向剥皮。

南蛮风味腌竹笺鱼

将炸好的竹笺鱼"滋"地一声
泡入有点辛辣又有点甜酸的腌汁中

新手求助 南蛮是什么意思呢？

市濑老师的解决办法！ 以前，将葡萄牙和西班牙等国家叫作"南蛮"，于是从国外传来的"新料理"都加上了南蛮的名字。南蛮风味腌渍就是将炸好的肉或鱼浸泡在辣味的腌汁中。虽然现在是基础料理，但在当时让人耳目一新。

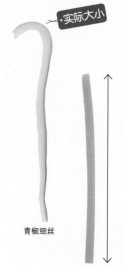

·实际大小

青椒细丝

胡萝卜细丝
5cm长

食材【2人份】

竹笺鱼（三片处理后的鱼肉）
　……2条量（净重130g）
洋葱……1/2个
胡萝卜……1/5根（30g）
青椒……1个
盐……少许
Ⓐ 高汤……1/2杯（100mL）
　醋……1/4杯（50mL）
　酱油……2大勺
　味淋……2大勺
　红辣椒的横切小片
　……1/2根量
面粉……适量
油炸用油……适量

煎锅
26cm

单柄煮锅
16cm

1人份
236kcal

烹调时间
20分钟

(Hop) 准备

制作腌汁

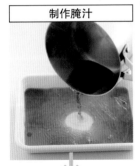

1 在锅中混合**Ⓐ**，中火加热。煮沸后倒入平盘中放凉。

在竹荚鱼上撒盐

2 将处理成三片的竹荚鱼肉对半切开，码入平盘中，撒盐，腌制5分钟。然后用厨房纸巾擦干水分。

 擦干从竹荚鱼中析出的水分，可以彻底去除腥味。

切蔬菜

3 将洋葱切成薄片，胡萝卜切成5cm长的细丝，青椒沿着纤维切成细丝。

 统一蔬菜的长短粗细，菜品就会很好看。♪

蔬菜放入腌汁中

4 将蔬菜放入腌汁中。

小窍门！
因为用的是平盘，所以即使腌汁的量不多，也能将蔬菜和后面加入的竹荚鱼铺平浸没，均匀入味。

(Step) 炸竹荚鱼

涂抹面粉

5 在其他平盘中放入面粉，放上竹荚鱼涂抹面粉，轻轻拍掉多余的面粉。

 面粉"薄薄蘸取，不会浪费"是最基本的方法哦。

小窍门！
涂抹面粉后油炸，竹荚鱼的表面会形成一层薄膜，这样就能锁住鲜味，也能更好地吸收腌汁。

炸竹荚鱼

6 在煎锅中倒入2cm深的油炸用油，加热至180℃，放入竹荚鱼。稍稍上色后不断翻面，炸4分钟左右，炸至酥脆后捞出，控去油分。

(Jump) 用腌汁浸泡

将竹荚鱼浸泡在腌汁中

7 将炸好的竹荚鱼趁热放入**4**的平盘中拌匀，浸泡入味。

小窍门！
将竹荚鱼的油充分控干后再浸泡在腌汁中，否则会导致腌汁变油。

 竹荚鱼趁热裹满腌汁，可以更好地入味。放入冰箱中冷藏也很好吃哦。

拆解鱿鱼

鱿鱼可以做成刺身、油炸菜品、煮菜、烧烤等，不论生吃还是加热都很美味。
用手就可以完全拆解，几乎不用刀，所以即使是新手来操作也格外简单。

『分开触手和躯干』

拆开触手的连接处

1 将手指伸入躯干中，找到内脏与躯干的连接处，用手指"噗"地打开。

如果不打开连接处直接硬拉，内脏的墨袋就会破裂，流出墨汁。

拉出触手

2 左手紧紧握住躯干，右手抓住触手的根部，慢慢拔出内脏和触手。
※这个内脏就是所谓的鱿鱼肝。

完全拔出了！

拔出软骨

3 紧贴在内部的、细长坚硬的东西是软骨，也要拔出。彻底去除剩余的内脏。将躯干清洗干净，用厨房纸巾擦干水分。

这个是软骨

『处理触手』

切开触手

1 在眼睛和触手间入刀，切下触手。

去掉嘴部

2 将触手根部的嘴部翻转按出，用手去除。

变成这样了！

切分触手，去掉吸盘

3 从变成圆环状的触手根部，将触手2条2条切分。因为有2条长的，所以要切成和短的触手一样长。用刀刮掉触手上坚硬的吸盘。

吸盘也可以用刀刮掉哦。

变成光滑的触手了。♪

挑战这些日式料理!

● 触手和肉鳍
"烤鱿鱼须"是庙会小吃摊的必备菜品。将鱿鱼触手切成易于食用的大小，可以做成炒菜、煮菜、拌菜等。咯吱咯吱的口感非常有嚼劲。
● 内脏
"咸鱿鱼"是将鱿鱼内脏盐渍使其发酵，再与鱿鱼的躯干部分一起凉拌的菜。成为日式料理高手后，一定要尝试一下！

『剥去躯干的皮』

撕下肉鳍

1 将有三角形肉鳍的一侧向左放置，手指插入肉鳍与躯干顶端中间，从躯干上撕下肉鳍。

连肉鳍一起撕下鱿鱼皮

2 从肉鳍的边缘捏住皮的顶端，向躯干方向拉开，剥去皮。

不会剥下鱿鱼肉吗？

没关系！
一气呵成地剥下来吧。

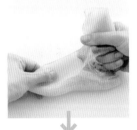

剥下剩余的鱿鱼皮

3 如果有剩余的鱼皮，用手抓住鱿鱼皮的一端，撕下。

小窍门！
鱿鱼的表面非常黏滑，所以用厨房纸巾捏住鱿鱼皮的一端更容易撕下。

加热之后就会卷起来。

是的。如果这样直接加热，就会卷起来。

老师也是这样做的吗？为什么会卷呢？

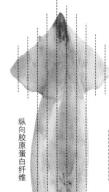

纵向胶原蛋白纤维

横向筋纤维

鱿鱼皮下有胶原蛋白纤维和横向筋纤维，都具有加热收缩的特性，因此会卷起来。

怎样做，鱿鱼才不会卷起来呢？

用刀在鱿鱼上切入较浅的格子状花刀吧。切断纵横分布的纤维，鱿鱼就不容易收缩了。看，右图中的天妇罗就很平整哦！

我原来认为花刀只是装饰！

芋头煮鱿鱼

鱿鱼软嫩，芋头热烫香糯
会被夸奖煮菜高手的一道菜

食材【2人份】

枪乌贼……1条（约300g）
芋头……8个（450g）
Ⓐ 砂糖……1大勺
　味啉……1大勺
　清酒……1大勺
　酱油……1½大勺
　高汤……1½杯（300mL）

酱油……1/2大勺
磨碎的柚子皮……适量

新手求助

很努力地烹调鱿鱼，
但还是一煮就硬！

市濑老师的
解决办法！

鱿鱼如果长时间加热，就会变
硬。因此，先煮一下鱿鱼，然
后暂时捞出，用这个方法就可以解决了！将芋头
煮熟后，再放回鱿鱼，就能吃到柔软的鱿鱼了。

切鱿鱼和芋头

将鱿鱼切成圈

1 分开鱿鱼的躯干和触手，拔出软骨（参照P142"分开触手和躯干"）。躯干带皮切成1~1.5cm宽的圈。

削掉芋头的皮

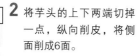

2 将芋头的上下两端切掉一点，纵向削皮，将侧面削成6面。

很高档的感觉哦！

小窍门！

用日式料理专用语，削成6面的形状叫作"6方剥"。削出一面后削对面的面，就能削出漂亮的形状。

实际大小

 处理芋头

凉水煮

3 芋头放入锅中，放入没过芋头的水，中火加热。马上要煮沸前转小火，煮3分钟左右。

像"猪肉味噌汤（P126）"一样，有时会抹盐去除芋头的黏液。但是像这样的煮菜，事先水煮可以更彻底地去除黏液。

清洗

4 将芋头放在滤网上控水后，马上倒入盛满水的盆中，清洗一下后，再次放在滤网中控干水分。

真的，黏液完全去除了。

煮制

煮鱿鱼后取出

5 在锅中混合Ⓐ，中火加热。煮沸后放入鱿鱼，不时翻动，煮2分钟左右，暂时盛出。

小窍门！

如果过度加热，鱿鱼皮中的蛋白质就会收缩，水分减少，口感就会变硬。想要做出软嫩的口感，就不能长时间煮制。

加入芋头

6 在5的锅中加入芋头，中火加热。煮沸后盖上落盖，用中小火加热15分钟为宜，煮至竹扦能轻松扎透芋头。

小窍门！

因为用鱿鱼高汤的煮汁煮制，所以芋头会更好吃。

放回鱿鱼

7 取出落盖，加入酱油和鱿鱼，煮2分钟左右。盛入容器，撒入柚子皮。

出锅时的酱油可以增加风味哦。

天妇罗

不让面衣发黏是美味的诀窍
炸得酥脆，努力成为日式料理的行家吧

新手求助

SOS 面衣黏黏的。

市濑老师的解决办法！ 面衣如果过度搅拌，面粉中就会出现面筋而发黏，也就炸不脆了。稍加混合、使用凉水、裹上面衣后马上油炸，掌握这几个重点就没有问题了。

煎锅 26cm
单柄煮锅 16cm
1人份 577kcal
烹调时间 30 分钟

食材【2人份】

虾……4只
鱿鱼的躯干（去皮的鱼肉）……1/2条量
南瓜……70g
茄子……1个
绿紫苏……2片
Ⓐ 蛋液……1个量
　凉水……适量（约150mL）
　面粉……1杯（110g）

面粉……适量
油炸用油……适量
［天妇罗酱油］
　面酱油（P124）
　……3/4杯（150mL）
　高汤（P22）……3大勺
盐……适量

Hop 处理食材

南瓜切成薄片

1 南瓜切成7~8mm厚的片。绿紫苏洗净，用厨房纸巾擦干水分。

茄子切开，去涩

2 茄子去蒂后，纵向切两半后，再横向切两半，然后在上方留一点距离，下方纵向切入6~7mm宽的花刀。盆中放水，然后放入茄子，为了不让茄子浮起来，盖上厚的厨房纸巾，浸泡5分钟左右，控干水分。

> 这是叫作"末广切"的吉兆的切法。

鱿鱼的躯干切成长方形

3 在鱿鱼的躯干有皮的一侧，以5mm间隔浅浅切入格子状花刀。

> 切入花刀既可以防止鱿鱼炸的时候变卷或变弯，也是为了易于食用。

切成长方形

4 切成3cm×5cm的长方形。

虾去壳

5 虾用竹扦去除背肠（P89），只留下尾部的一节虾壳，剩余的剥掉。

> **小窍门！**
> 留1节虾壳，炸的时候容易拿住，卖相也好看。

切掉尾部和尖头

6 将虾放在砧板上，对齐尾部，将尾部和尖头（尾巴中间的尖端）斜向稍稍切掉。使用刀尖抈出虾尾中的水。

> 如果残留水，炸的时候会溅油。

切断腹部的筋

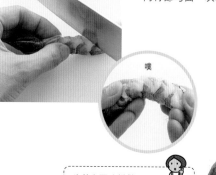

7 在虾的腹部斜向切入4~5处花刀，切断筋。向背部弯曲一次。

> 嗯

> 为什么要这样做呢？

> 这样，在炸的时候就不会变得弯曲了。

天妇罗酱油手工制作更美味！

切完所有食材后，制作天妇罗酱油。在锅中放入面酱油（P124）和高汤（P22），用小火加热。如果不使用面酱油，可以用高汤、味啉、酱油为5:1:1的比例制作。

Step 制作天妇罗面衣　　　　 **Jump** 油炸

准备油炸用油

8 在煎锅中倒入2~3cm深的油炸用油，加热至170℃。

天妇罗面衣如果长时间放置，面粉中的面筋（黏性）会析出。所以制作面衣，应该在准备好食材和油之后进行。

在蛋液中加入凉水

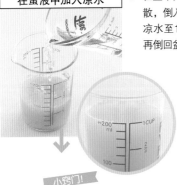

9 在盆中打入鸡蛋，充分打散，倒入计量杯中。加入凉水至1杯的刻度线处，再倒回盆中混合均匀。

 这样就是正好1杯！

小窍门!
使用凉水是因为如果水的温度比面粉高，就容易析出面筋（黏性）。使用冰水也可以，不过不要加冰块。

在蛋液中混合面粉

10 使用滤网等，将面粉筛入蛋液中。

小窍门!
筛入面粉不容易出现疙瘩。

轻轻搅拌混合

11 不要和面，而是用筷子轻快地搅拌均匀，这样面衣就制作完成了。趁着面衣还没有出现黏性，马上开始油炸。

 还残留少量面粉的状态就可以。

蘸取面衣

12 用筷子夹住南瓜一片一片浸入天妇罗面衣中裹匀。

要均匀裹满哦。

放入油炸用油

13 将南瓜慢慢放入170℃的热油中。表面凝固后不时上下翻面。

 出现了大的气泡！

如果表面还没有凝固时，面衣就掉下来了，也不要去碰它。

捞出天妇罗面渣

14 油炸的时候，如果出现了天妇罗面渣，及时用网勺捞出来。

如果不及时捞出来，炸糊会弄脏天妇罗，或影响油的质量。

 可以用作"温乌冬面"的天妇罗面渣！

炸熟

15 油炸3分钟左右后，南瓜浮起来，气泡变小，声音变为"吱吱"的高音后就是炸熟了的标志。夹出南瓜，竖直放在油炸盘上控油。

 用同样的要领，继续炸其他食材吧。

做成扇形，油炸	**茄子**

16 茄子用厨房纸巾擦干水分，打开成扇形并捏住，蘸取面衣，放入油炸用油中炸3分钟左右。

只背面蘸取面衣	**绿紫苏**

17 拿住绿紫苏的茎，只在叶子背面蘸取面衣，放入油炸用油中。炸至面衣酥脆即可。

> **油炸天妇罗的基本方法**

● 油的温度以170℃为宜
如果油温过高，食材的中心还没有熟透，表面就已经上色了。如果油温低，水分不能被充分发散，则会口感黏腻。所以要一边油炸一边调节火力，保持适宜的油温。

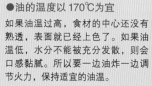

● 必须擦干水
如果食材残留水，会导致溅油或面衣黏腻。油炸前必须擦干水。

● 油炸顺序是从蔬菜开始
从不容易弄脏油的食材开始炸是油炸的基本方法。
按照蔬菜→鱼贝类的顺序油炸，蔬菜中有涩味的茄子和紫苏排在后面。

● 区分面衣用和油炸用的筷子
如果用沾有面衣的筷子油炸，筷子尖上的面衣就会凝固，清洗的时候非常费力。准备2双筷子，分开使用。

● 用多余的面衣做出分量感
如果面衣有剩余，可以混合一点凉水稀释，淋在正在油炸的虾或鱿鱼上，制造出分量感。

虾、鱿鱼篇

涂抹面粉

虾

18 将7的虾用厚的厨房纸巾擦干水。打开虾尾并拿住，虾尾以外的部分薄薄涂抹一层面粉。

> **小窍门！**
> 为了面衣能牢固地粘在虾和鱿鱼上，所以要事先涂抹面粉。

从头放入

19 虾尾以外的部分蘸取面衣，从头部开始慢慢放入油炸用油中。表面的面衣凝固后，不时上下翻面，炸3分钟左右。炸熟后，竖直放在油炸盘上控油。

全部蘸取面衣，油炸	**鱿鱼**

20 将鱿鱼用厚的厨房纸巾擦干，全部涂满面粉后，用筷子夹住蘸取天妇罗面衣。慢慢放入油炸用油中，炸2分钟左右，夹出控油。

21 将南瓜、茄子、绿紫苏、虾、鱿鱼摆盘，搭配天妇罗酱油和盐。

搭配天妇罗酱油或盐食用

>
> 完成了！
> 新手可以毕业了吧！

煎锅 26cm

1人份	烹调时间
324kcal	20 分钟

炸什锦

将食材沾满面粉是成团的诀窍
刚刚炸好的可以用盐调味直接食用
还可以做成炸什锦盖饭或面的菜码

食材【2人份】

洋葱……1/2个
鸭儿芹……1束（15g）
虾仁……12小只（60g）
面粉……1/2大勺

[天妇罗面衣]

Ⓐ 蛋液……1/2个量
　凉水……适量
　面粉……1/2杯
油炸用油……适量
盐……适量

新手求助

SOS 放入油中的瞬间都散开了。

市濑老师的解决办法！
食材上必须涂抹面粉，因为面粉可以起到粘连食材的作用。油炸的时候，试着将食材在木铲上聚拢成团后，滑入油中。暂时不要触碰也是很重要的。

(Hop) 准备食材

事先准备食材

1 洋葱切成5mm厚的片。鸭儿芹摘下叶子，茎切成3cm长。虾如果有背肠，用竹扦去除。

(Step) 按照面粉→天妇罗面衣的顺序蘸取

在食材上涂抹面粉

2 在煎锅中倒入2～3cm深的油炸用油，加热至170℃。将**1**放入盆中，撒入面粉，涂抹一下。

面粉起到黏合剂的作用。在所有食材上涂抹面粉，食材就会聚拢成团了。

用Ⓐ制作天妇罗面衣

3 将Ⓐ的蛋液倒入量杯中，加入凉水至1/2杯。再倒回盆中混合均匀，筛入Ⓐ的面粉，用筷子搅拌一下。

天妇罗面衣不可以搅出黏度。

将面衣裹满食材

4 在**2**的盆中淋入天妇罗面衣，用筷子在全部食材上裹满面衣。

天妇罗面衣是这种感觉。

(Jump) 油炸

将成团的食材放在木铲上

5 将1/4的食材放在木铲上，聚拢食材，轻轻调整形状。

小窍门！
尽量统一食材的形状和大小，制作一个放入油中炸一个。

油炸成团的食材

6 将油炸用油加热至170℃，将聚拢成团的食材一个一个滑入油中。

有一点分离！！

不要紧张！趁着面衣还没有凝固，用筷子聚拢食材使其粘在一起就可以了。

小窍门！
油炸的时候，要使用没有沾上面衣的筷子。因为如果把沾有面衣的筷子放入油中，筷子尖也会变成天妇罗的。

用筷子开孔

7 成团的食材放入油炸用油后，暂时不要触碰，待表面凝固后，用筷子扎2～3处开孔。炸2分钟，轻微上色后上下翻动，再炸2分钟。

可以在食材的中间打开一个开孔，使油能够通过，食材不但容易炸熟，还能炸得酥脆。

充分控油

8 炸至金黄色后夹出，竖直放在有网的平盘上，控干多余的油。撒一点盐，将最初放入油锅时在上面的那一面朝上盛盘，搭配盐。

本书专业术语汇总

如果看菜谱就会发现，有很多只有在烹调中才会出现的专业术语。如果能认真掌握它们的意思，就能减少错误，提高技能，顺畅流程。请一定要事先记住哦。

C

【炒煮】
用油炒食材后，加入高汤或调味料炖煮。通过用油炒，能增加煮菜的浓度、香味、鲜味。"煮羊栖菜"（P92）、"煮白萝卜干丝"（P94）

【内脏/瓤】
鱼的内脏和南瓜内一团松软的瓤。无论哪种都是很容易腐坏的，所以买回来要尽快去除。

【出现蜂窝】
蛋液或豆腐过度加热时出现的小孔。因为出现蜂窝口感会变差，所以用小火加热是最基本的制作方法。"茶碗蒸"（P136）

D

【待余热降温】
将烫手的食材稍微放凉。多数是直接放置放凉，也可以放在滤网上（"白萝卜油炸豆腐味噌汤"P48）或用扇子扇风（"稻荷寿司"P122）来降温。

【掂锅】
在煮菜的中途拿起锅掂动，让食材上下翻面。可以使煮汁充分流动，防止煮焦。柔软的食材容易碎，所以掂锅时使用落盖。

【点水】
煮面或煮豆子的时候，为了防止沸腾溢锅而加入凉水。"荞麦面"（P124）

F

【放入凉水中】
冷却煮好的食材，为了防止过度加热或颜色变差，浸泡在大量凉水中。为了快速冷却，也可以浸泡在冰水中或浸泡在流水中。（P11）

G

【干炒】
在煎锅等中放入食材，加热，使水分飞散。也叫作"无油炒"。"三色盖饭"（P120）

【过热水】
将食材在热水中短时间浸泡。可以去除食材的异味、使食材表面凝固、锁住鲜味等。

【裹匀】
制作煮菜时，让变少的煮汁均匀裹满食材。

J

【酱油洗】
在煮好的蔬菜等食材中撒入酱油，再挤出汁水的方法。在码入底味的同时，使食材的口感不会水分太多。"凉拌菠菜"（P28）

K

【烤到刚好】
烤好时，表面焦香，适当上色的状态。

L

【落盖】
制作煮菜时，直接盖在食材上的盖子。可以防止食材煮碎，并使煮汁在食材间充分流动。（P16）

P

【泡发】
将羊栖菜、萝卜干丝、干香菇等干货，浸泡在水中泡软。"煮羊栖菜"（P92）

【撇去浮沫】
苦味、涩味、辣味、使食材变色的成分等都含在浮沫中。焯或煮时浮至表面的泡沫，需要用去沫勺撇去。准备放有热水的盆，在里面洗掉浮沫。（P17）

火力调节

【小火】
火焰弱，如果是煮菜，煮汁保持安静流动的状态。煮粥时的"文火"是比小火更弱，要灭不灭的状态。

【中火】
火焰的顶端刚好接触锅底的状态。如果是煮菜，锅中的食材"咕嘟咕嘟"地晃动。

【大火】
火焰强劲并接触整个锅底的状态。如果是煮菜，就会"哗啦哗啦"煮沸，食材不停翻滚。在炒菜或煮菜中，收汁使汁水飞散时也使用大火。

Q

【切断肉筋】

将位于瘦肉和脂肪的边界处的筋，用刀切断几处。防止肉翻卷。（P10）

【轻快地搅拌】

制作天妇罗面衣或日式点心的时候，像轻轻切断般混合至还残留一点面粉的程度。目的是不要让面粉出现面筋的黏度。

S

【色泽光亮】

将酱油、味醂、砂糖、清酒等煮浓后的酱汁裹满食材后，经过加热，表面出现光泽。味醂和砂糖中所含的糖分出现的光泽发挥了作用。"照烧鸡肉"（P78）

【食材过油后】

用油炒食材时，食材全部与油接触，表面完全被油覆盖的状态。过油后的食材不会糊，能锁住食材鲜味。

【霜降】

将肉快速煮一下，或将热水淋在鱼上，去除腥味和浮沫。（P17）

【水淀粉】

由水和马铃薯淀粉混合而成。为了增加煮汁、汤、炒菜的黏稠度而加入。在这本书中，土豆淀粉与水的比例为1:2是最基本的制作方法。"肉末煮芜菁"（P80）

X

【削棱角】

煮南瓜、土豆、白萝卜等食材时，用刀稍稍削掉切口的棱角。防止煮碎。"煮南瓜"（P42）

【形成疙瘩】

将淀粉加入煮汁中增加浓稠度时，混合不均匀、口感粗糙、形成结块的状态。"肉末煮芜菁"（P80）

Y

【一口大小】

容易一口食用的大小。以边长3～4cm左右为宜，根据食材的不同而调整。

【预热】

在烤制之前事先加热烤鱼架或多士炉烤箱。可以使内部的温度均衡，防止局部烤焦。"余热"指加热后仍在持续的热度。"盐烤秋刀鱼"（P40）

Z

【砧板揉搓】

将黄瓜等蔬菜放在砧板上，撒盐后，像揉搓一样前后滚动。达到食材更加入味、颜色更鲜艳的效果。"醋拌黄瓜裙带菜"（P46）

【增加浓稠度】

在煮汁或汤中加入水淀粉等加热，增加浓度。汤汁有了黏稠度，更容易裹在食材上。"蛋花汤"（P128）

【煮后倒水】

将食材焯煮后，倒掉炒煮的汤汁。"芋头煮鱿鱼"（P144）

【煮浓】

煮至汤汁变少。

【煮透】

让煮汁渗入食材中。"煮南瓜"（P42）

【装饰花刀】

为了加热更均匀或更加入味，同时外观也更好看，在鱼皮上等切入花刀。"隐藏花刀"是在不显眼的地方切入花刀。将切成圆片的白萝卜，在盛盘时在下方的面上切入十字形隐藏花刀。（P10）

水量调节

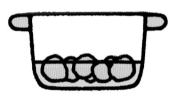

【快要没过】

能从水面看到一点点食材顶端的状态。

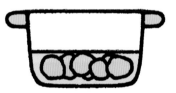

【没过食材】

食材的顶端刚好隐藏在水中的状态。

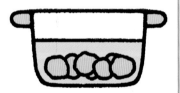

【大量】

食材完全浸入水中的状态。

蔬菜的切法索引

汇集了菜谱中经常出现的蔬菜的切法。切法如果不恰当，即使使用相同的用量或时间制作，也会造成加热不均匀或不入味的情况。认真掌握切法的基础吧。

切圆片

胡萝卜、白萝卜等圆柱形的食材，与切口平行入刀，从一端开始以一定宽度切片。也有厚度为2~3cm的厚圆片。

※按照菜谱要求，削皮或不削皮。

●例："凉拌肉片沙拉"（P66）的番茄，"什锦火锅"（P88）的胡萝卜，"柠檬煮白薯"（P108）的白薯。

切半月片

圆柱形的蔬菜纵向对半切开后，将切口向下放置，从一端开始以一定宽度切片。形状与半月形相同，所以叫作切半月片。

●例："白萝卜炖五条鰤"（P134）的白萝卜，"柠檬煮白薯"（P108）的柠檬。

切银杏片

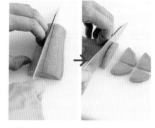

圆柱状的蔬菜纵向对半切开后，将切口向下放置，再次对半切开。从一端开始以一定宽度切片，因为形状像银杏叶，所以叫作切银杏片。

●例："猪肉味噌汤"（P126）的白萝卜和胡萝卜。

横切小片

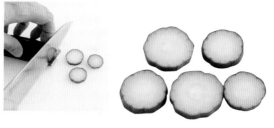

从黄瓜、葱等细长形蔬菜的顶端，以一定的宽度切片的切法叫作横切小片。将几根小葱聚拢对齐，同时从一端开始切会非常快。

●例："醋拌黄瓜裙带菜"（P46）的黄瓜，"炒煮豆腐渣"（P100）的小葱，"猪肉味噌汤"（P126）的葱。

去掉石基（茎）

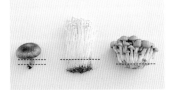

香菇的切法，一种是切掉茎的坚硬部分（石基），一种是从紧贴伞盖下方的位置切掉茎。金针菇切掉有锯末的部分。从生口蘑切掉茎的坚硬部分（石基）。

●例：『铝箔焗三文鱼』（P60）的丛生口蘑，『炒煮豆腐』（P96）的金针菇等。

认真切，食材的外观和味道都会更胜一筹！

斜向切段

葱、黄瓜、牛蒡等细长形蔬菜，从一端开始斜向入刀，以一定的宽度切段。斜向薄薄地切片时，也叫作"斜向切薄片"。

●例："寿喜烧"（P86）、"什锦火锅"（P88）的葱。

切滚刀块

使食材表面积增大、更容易入味的切法。首先，从一端开始斜向入刀切块，然后向自己身前一侧稍稍转动，在切口的正中间入刀切块。重复这个操作。

●例："土豆炖肉"（P30）的胡萝卜，"炒煮鸡肉"（P56）的胡萝卜、牛蒡、莲藕。

切成梳子形

洋葱或番茄等圆形蔬菜，切成像梳子一样的形状。纵向对半切开后，如果是洋葱就将切口向下放置，如果是番茄就将切口向上放置，斜向入刀，成放射状切下。

●例："土豆炖肉"（P30）的洋葱，"姜烧猪肉"（P26）的番茄。

切扁条

竖长的长方形薄片。切成诗笺的形状。如果是胡萝卜，先切成长4~5cm，厚1cm的长方块。将这个长方块的切口向下放置，从一端开始顺着纤维切成2~3mm厚的片。

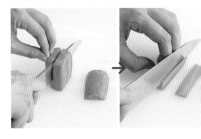 

●例：常用于炒菜、拌菜、汤等料理中。

切块

切成立方体。如果是胡萝卜，将侧面稍稍切掉一些，纵向切成2～3cm厚的大块。将切口向下放置，切成2～3cm宽的条，再从一端开始切成2～3cm宽的小块。

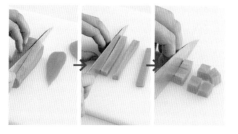

●例：什锦豆等。

切碎

如果是洋葱，纵向对半切开，带着根部将切口向下放置，纵向细密切入后，从根的对面一侧细密切下。除去根部，用手一边压住刀尖一边切碎。

●例："和风汉堡肉饼"（P54）的洋葱，用于炒菜等。

削细竹片

如果是牛蒡，从一端用刀切入十字花刀。然后在放水的盆上，横向入刀，一边转动牛蒡一边削成薄片。

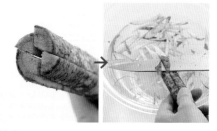

●例："姜煮牛肉牛蒡"（P74）、"五味什锦饭"（P118）、"猪肉味噌汤"（P126）的牛蒡。

洋葱的薄片

切断纤维
与纤维走向垂直切片的方法。将洋葱纵向对半切开，去除根部，切口向下放置，将根部向左右任意一侧放置，从一端开始以一定的厚度纵向切薄片。用于想去除辛辣味等情况。

●例："凉拌肉片沙拉"（P66）。

沿着纤维
与纤维走向平行切片的方法。将洋葱纵向对半切开，去除根部，切口向下放置，将根部一侧靠近自己身前放置，以一定的厚度纵向切薄片。

●例："炸什锦"（P150）。

圆白菜的细丝

1片1片揭开圆白菜，切掉根部，重叠2~3片。切断纤维，切成细丝最好吃，所以如图所示将圆白菜叶重叠放好后，轻轻卷起来，从一端开始切细丝。

● 例："姜烧猪肉"（P26）。

胡萝卜的细丝

胡萝卜切成4~5cm长的段，再纵向切成1~2mm厚的长方片。依次码齐，从一端开始切1~2mm宽的丝。也可以斜向切成薄片后切丝。

● 例："南蛮风味腌竹笑鱼"（P140）。

胡萝卜的丝

胡萝卜切成4~5cm长的段，再纵向切成3~5mm厚的长方片，比"细丝"的长方片厚一些。依次码齐，从一端开始切3~4mm宽的丝。

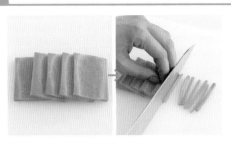
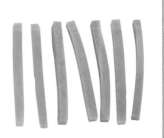

● 例："铝箔焗三文鱼"（P60），"煮羊栖菜"（P92），"豆腐拌什蔬"（P104）等。

青椒的丝

青椒纵向对半切开后，将蒂轻轻向内压，连同籽一起去除。从一端开始切3~4mm宽的丝。

※按照菜谱要求，沿着纤维切丝（如图）或切断纤维切丝。

● 例："南蛮风味腌竹笑鱼"（P140）。

※料理名字后面有★标记的，是食材作为配菜、酱汁、香辛料、均衡搭配使用的料理。

TITLE：［基本のきちんと和食］
Copyright © Shufunotomo Co., LTD., 2015
Original Japanese language edition published by Shufunotomo Co., LTD.
All rights reserved. No part of this book may be reproduced in any form without the written permission of the publisher.
Chinese translation rights arranged with Shufunotomo Co., LTD., Tokyo through NIPPAN IPS Co., Ltd.

本书由日本主妇之友社授权北京书中缘图书有限公司出品并由煤炭工业出版社在中国范围内独家出版本书中文简体字版本。
著作权合同登记号：01-2018-3196

图书在版编目（CIP）数据

60道日式家庭料理 /（日）市濑悦子著；刘晓冉译
. -- 北京：煤炭工业出版社，2018（2021.11重印）
ISBN 978-7-5020-6671-0

Ⅰ.①6… Ⅱ.①市… ②刘… Ⅲ.①菜谱—日本
Ⅳ.①TS972.183.13

中国版本图书馆CIP数据核字(2018)第103188号

60道日式家庭料理

著　　　者　（日）市濑悦子　　　　　　　　　　　译　　者　刘晓冉
策划制作　北京书锦缘咨询有限公司（www.booklink.com.cn）
总 策 划　陈　庆　　　　　　　　　　　　　　　策　　划　肖文静
责任编辑　马明仁　　　　　　　　　　　　　　　编　　辑　郭浩亮
设计制作　柯秀翠
出版发行　煤炭工业出版社（北京市朝阳区芍药居35号　100029）
电　　话　010-84657898（总编室）
　　　　　010-64018321（发行部）　010-84657880（读者服务部）
电子信箱　cciph612@126.com
网　　址　www.cciph.com.cn
印　　刷　天津市蓟县宏图印务有限公司
经　　销　全国新华书店
开　　本　710mm×1000mm^1/$_{16}$　　印张　10　字数　120千字
版　　次　2018年6月第1版　　　　2021年11月第4次印刷
社内编号　20180534　　　　　　　　定价　58.00元